化 学 工 程

（非化工专业读本）

Chemical Engineering for Non-Chemical Engineers

杰克·希普尔（Jack Hipple） 编

天津开发区（南港工业区）管委会 译

中国石化出版社

版权登记号　　　图字 01-2018-6744

Chemical Engineering for Non-Chemical Engineers (9781119169581/1119169585) by Jack Hipple. Copyright© 2017 by American Institute of Chemical Engineers, Inc. A Joint Publication of the American Institute of Chemical Engineers and John Wiley & Sons, Inc. All Rights Reserved. This translation published under license.
中文版权为中国石化出版社所有。版权所有，不得翻印。

图书在版编目(CIP)数据

化学工程：非化工专业读本／（美）杰克·希普尔
（Jack Hipple）编；天津开发区（南港工业区）管委会
译. — 北京：中国石化出版社，2018.11
ISBN 978-7-5114-5095-1

Ⅰ.①化… Ⅱ.①杰… ②天… Ⅲ.①化学工程-研
究 Ⅳ.①TQ02

中国版本图书馆 CIP 数据核字（2018）第 254626 号

中国石化出版社出版发行
地址:北京市朝阳区吉市口路 9 号
邮编:100020　电话:(010)59964500
发行部电话:(010)59964526
http://www.sinopec-press.com
E-mail:press@ sinopec.com
北京富泰印刷有限责任公司印刷
全国各地新华书店经销
＊
710×1000 毫米 16 开本 16 印张 299 千字
2018 年 11 月第 1 版　2018 年 11 月第 1 次印刷
定价:88.00 元

译者序

目前，在我们国家，作为区域经济发展新焦点的工业园区，如雨后春笋般在全国各地兴建起来。今后我国工业园区建设还将继续呈现良好的发展势头。由于起步较晚，我国在工业园区的建设和管理方面经验不足。以美国为代表的发达国家在这方面已积累了十分丰富的经验和教训，他山之石可以攻玉，这些对于我国正处于高速发展中的化工园区建设和管理，具有重要的借鉴作用。通过学习和借鉴这些方法和经验，提高我们的认识，优化我们的管理水平，有助于把我们的化工园区建设成加工体系匹配、产业联系紧密、原料直供、物流成熟完善、公用工程专用、管控可靠、安全环境污染统一治理、管理统一规范、资源高效利用的产业聚集地。

为进一步拓宽国内化工园区的视野，加深对国外化工园区先进管理理念、经验和方法的理解，提高国内化工园区在产业集群维度上的安全、环保管理水平，我们已先后翻译、出版了《地方经济发展与环境：寻找共同点》、《商业竞争环境下的安全管理》、《石油和化工企业危险区域分类：降低风险指南》、《石油、天然气和化工厂污染控制》、《化学和制造业多工厂安全管理》、《石油和天然气工业对大气环境的影响》、《化工装置的本质安全——通过绿色化学减少事故发生和降低恐怖袭击的威胁》等七部国外著作，并得到业界读者的好评。2018 年，针对国内化工园区建设和发展的实际需要，我们再次精选并翻译了《化学反应性危害的管理实践》和《化学工程：非化工专业读本》两部著作，作为国内化工园区安全管理的参考资料。

《化学反应性危害的管理实践》一书系美国化工过程安全中心（CCPS）编写的经典安全指南系列图书之一，详细介绍了"化学反应性危害"管理的关键考虑因素，化学反应性危害初步筛选方法，以及识别、评估、沟通、培训、事故调查等化学反应性危害的基本管理实践，以帮助化工园区管理人员和工程技术人员应对由不受控制的化学反应引发的危害所带来的安全管理挑战。

《化学工程：非化工专业读本》一书用通俗的语言介绍了涵盖化学工程各个技术领域的原理、工艺、设备等方面的基础知识，旨在帮助化工园区管理人员和非化工专业技术人员在较短的时间内对化学工程的概貌有一个基本了解，能利用本书介绍的知识更好地参与或开展化工园区的管理工作。

参与书稿翻译、审阅工作的还有张文杰、刘春生等同志，中国石化出版社对著作的出版给予了大力支持，在此一并致谢。

鉴于水平有限，书中难免存在谬误和不足，敬请读者批评指正。

本书编译组
2018 年 9 月

序 言

　　同一化学过程在工业规模上与在实验室规模是完全不同的，遇到的问题也截然不同，本书将进行详细论述。1908年之前，美国工商业的化学工作者均为美国化学学会的成员。1908年，这些化学工作者在宾夕法尼亚州匹兹堡市举行了美国化学工程师学会的第一次会议。我从卡内基梅隆大学毕业，自1967年我成为这个组织的一员以来，我一直深以为荣。

　　今天我们所知的化学工程在世界各地都有实践。化学工程师几乎受雇于美国的每一家财富500强公司以及世界上的每个大型工业组织。化学工程师工作于全球石油、天然气和石化行业，奠基了我们的整个运输系统，使我们驾驶在沥青或混凝土的道路上。在政府部门，化学工程师任职于环境保护局、化学品安全委员会、国土安全部以及相关机构，这些机构负责监督化学品和材料的水陆空运输，工业界的化学工程师为能源、食品和消费品公司工作，他们为我们的家庭供暖，为我们的汽车提供动力，提供了我们每天早已习以为常的各种产品、各种物品的外部包装、厕所用卫生纸和食品包装材料，保护我们的家庭和食品免受害虫侵害和腐败变质影响，提供建造住宅、建筑物和交通道路的化工产品。他们开发用于摄影系统、安全系统和传感器系统必不可少的设备。他们开发出了将空气分离成单独组分的工艺，如氮气、氧气等，从而在防火、应急呼吸设备和冷冻食品方面发挥作用。化学工程已经渗透到我们日常生活中的方方面面，日常的衣食住行都是建立在化学工程的开发、应用及商业化基础之上的。

　　本书不是一本化学工程方面的学术教科书，也没有详细方程和复杂数学模型（有许多优秀的已经使用），而是为非化工专业人士提供关于什么是化学工程的基础原理的简单例子，以及如何使用这些原理进行估计和粗略计算工业设备和应用程序。本书是我为过去15年美国化学工程师学会教授的一门课程的综合，是为非化学工程师讲解化学工程（http：//www. aiche. org/academy/courses/ch710 / essentials-chemical-engineering-non-chemical-engineers）。化学工厂技术人员和操作员、化学家、生物学家、环保局律师和事故心理访谈专家、国土安全部检查员以及机械和其他类型的工程师在学习这门课程，因为他们经常要与化学工程师进行接触，但是可能他们对所要求的数据没有基本的了解，为什么、如何使用这些信息，或他们为什么会被要求以某种特定的方式或以特定的顺序执行某些功能。本书也适用于大型组织的部门经理、小型创业公司以及为化学工业提供设备和援助的组织的管理人员（但他们本身不是化学工程师）。本书也用于那些负责化学工程活动的人员，需要对他们管理或指导的内容有更全面的了解。还有一个感兴趣的群体是正在学习化学工程研究生课程的学生，他们除了学习传统化学工程本科课程之外，会发现这样一个基本概述有助于他们的过渡。对于所有这些潜在的读者，我希望本书能够提供一些基本的理解和价值。

本书分为19章，每章重点介绍化学工程中的特定方面或单元操作，并附带有附录，结构如下：

①讨论以及回顾主题基础，尽可能使用设备说明。

②常见问题清单。

③关于本章一组多项选择题的材料，答案在附录中。

在我们学过的化学工程基础知识的过程中，咖啡的酿造被用作日常应用许多原则的例子，这些过程是我们大多数人每天都会做的操作，而没有考虑所涉及的技术原理。在本书的开头和结尾，我们还将讨论如何使用化学工程原理来生产啤酒。在每章的最后，还列出习题及参考文献。附录给出了选择题的答案。

致谢

在过去的15年里，我为美国化学工程师协会（American Institute of Chemical Engineers）讲授的"非化学工程师的化学工程"课程，无论是从个人而言，还是就职业生涯来说，我都感到非常荣幸。协会任用我向各行各业的人们教授的这门专业基础知识课，一直是我职业生涯中的核心。这些人包括化学家，实验室的工艺技术人员和操作员，其他行业的工程师，不同背景或经历过各种培训的化学工程师、经理、业务经理，来自政府和私营企业的从事安全和职业健康的专业人士、专利律师、设备供应商和心理学家。他们经常手把手地教会我很多行业领域的经验。我还非常感谢我在美国陶氏集团，国家制造科学中心的安塞尔埃德蒙和卡博特以及所有同事，他们都提高了我在化学工程方面的知识及其在实践中的应用。

美国化学工程师协会的旗舰出版物《化学工程进展》一直是我课程中思想、插图和示例的来源，本书将继续引用其中的例子。

作者

目　录

第1章　什么是化学工程？ ………………………………………………（ 1 ）

第2章　安全与健康 …………………………………………………………（ 11 ）

2.1　基本健康和安全信息：材料安全数据表（MSDS） ………………（ 11 ）

2.2　程序 …………………………………………………………………（ 14 ）

2.3　火和可燃性 …………………………………………………………（ 14 ）

2.4　化学反应性 …………………………………………………………（ 17 ）

2.5　毒理学 ………………………………………………………………（ 17 ）

2.6　应急响应 ……………………………………………………………（ 18 ）

2.7　交通突发事件 ………………………………………………………（ 18 ）

2.8　危害和可操作性研究（HAZOP） …………………………………（ 19 ）

2.9　保护层分析（LOPA） ………………………………………………（ 21 ）

第3章　平衡的概念 …………………………………………………………（ 27 ）

3.1　质量平衡 ……………………………………………………………（ 27 ）

3.2　能量平衡 ……………………………………………………………（ 31 ）

3.3　动量平衡 ……………………………………………………………（ 32 ）

第4章　化学计量学，热力学，动力学，平衡和反应工程 ……………（ 35 ）

4.1　化学计量学和热力学 ………………………………………………（ 35 ）

4.2　动力学、平衡与反应工程 …………………………………………（ 39 ）

4.3　影响反应系统能量的物质性质 ……………………………………（ 42 ）

4.4　反应动力学和反应速率 ……………………………………………（ 43 ）

4.5　催化剂 ………………………………………………………………（ 46 ）

第5章　施工流程图、图纸和建筑材料 …………………………………（ 53 ）

第6章　经济与化学工程 …………………………………………………（ 60 ）

第7章　流体流动、泵、液体处理和气体处理 …………………………（ 67 ）

7.1　流体性质 ……………………………………………………………（ 67 ）

7.2　表征流体流动 ………………………………………………………（ 70 ）

7.3　泵的类型 ……………………………………………………………（ 72 ）

7.4 水"锤" ………………………………………………………………（77）

7.5 管道和阀门 …………………………………………………………（77）

7.6 流量测量 ……………………………………………………………（78）

7.7 气体定律 ……………………………………………………………（79）

7.8 气体流动 ……………………………………………………………（80）

7.9 气体压缩 ……………………………………………………………（81）

第8章 热传递和热交换 …………………………………………………（85）

8.1 热交换器的类型 ……………………………………………………（87）

8.2 传热系数 ……………………………………………………………（89）

8.3 实用流体 ……………………………………………………………（91）

8.4 空气冷却器 …………………………………………………………（91）

8.5 刮壁式换热器 ………………………………………………………（92）

8.6 板框式换热器 ………………………………………………………（92）

8.7 泄漏 …………………………………………………………………（93）

8.8 机械设计 ……………………………………………………………（93）

8.9 清洁热交换器 ………………………………………………………（94）

8.10 辐射热传递 …………………………………………………………（94）

8.11 高温传输流体 ………………………………………………………（94）

第9章 反应性化学物质 …………………………………………………（100）

第10章 蒸馏 ……………………………………………………………（105）

10.1 拉乌尔定律 …………………………………………………………（108）

10.2 间歇蒸馏 ……………………………………………………………（110）

10.3 闪蒸 …………………………………………………………………（110）

10.4 连续多级蒸馏 ………………………………………………………（111）

10.5 回流比和操作曲线 …………………………………………………（112）

10.6 夹点 …………………………………………………………………（115）

10.7 进料板位置 …………………………………………………………（115）

10.8 蒸馏塔内部结构和效率 ……………………………………………（115）

10.9 特殊蒸馏法 …………………………………………………………（116）

10.10 获得多种所需产物 …………………………………………………（120）

10.11 蒸馏塔内部结构和效率 ……………………………………………（121）

10.12 塔板系统 ……………………………………………………………（122）

10.13 蒸馏用填料塔 ………………………………………………………（124）

第 11 章　其他分离工艺：吸收、汽提、吸附、色谱法、薄膜法 ………… （130）

11.1　吸收 ……………………………………………………………… （130）

11.2　汽提/解吸 ………………………………………………………… （134）

11.3　吸附 ……………………………………………………………… （135）

11.4　离子交换 ………………………………………………………… （139）

11.5　反渗透 …………………………………………………………… （140）

11.6　气体分离膜 ……………………………………………………… （143）

11.7　浸出 ……………………………………………………………… （144）

11.8　液-液萃取 ……………………………………………………… （145）

第 12 章　蒸发和结晶 ………………………………………………… （153）

12.1　蒸发 ……………………………………………………………… （153）

12.2　蒸发器的操作 …………………………………………………… （154）

12.3　真空和多功能蒸发器 …………………………………………… （156）

12.4　结晶 ……………………………………………………………… （158）

12.5　晶相图 …………………………………………………………… （161）

12.6　过饱和 …………………………………………………………… （163）

12.7　晶体纯度和粒径控制 …………………………………………… （163）

第 13 章　液-固相分离 ……………………………………………… （166）

13.1　过滤和过滤机 …………………………………………………… （166）

13.2　过滤速度 ………………………………………………………… （167）

13.3　过滤设备 ………………………………………………………… （167）

13.4　离心机 …………………………………………………………… （170）

13.5　粒径和粒径分布 ………………………………………………… （173）

13.6　液体性质 ………………………………………………………… （173）

第 14 章　干燥 ………………………………………………………… （175）

14.1　旋转干燥器 ……………………………………………………… （176）

14.2　喷雾干燥器 ……………………………………………………… （176）

14.3　流化床干燥器 …………………………………………………… （177）

14.4　带式干燥机 ……………………………………………………… （178）

14.5　冷冻干燥机 ……………………………………………………… （179）

第 15 章　固 体 处 理 ………………………………………………… （182）

15.1　安全及常见操作问题 …………………………………………… （182）

15.2　固体运输 ………………………………………………………… （184）

15.3　气动输送机 ……………………………………………………… （188）

15.4 固体粉碎设备 ……………………………………………… (191)

15.5 旋风分离器 …………………………………………………… (193)

15.6 筛选机 ………………………………………………………… (194)

15.7 料斗和料仓 …………………………………………………… (195)

15.8 固体混合 ……………………………………………………… (196)

第16章 罐(釜、槽、箱、缸)、容器、特殊反应系统 …………… (199)

16.1 分类 …………………………………………………………… (199)

16.2 腐蚀 …………………………………………………………… (200)

16.3 加热和冷却 …………………………………………………… (205)

16.4 功率要求 ……………………………………………………… (206)

16.5 反应罐(釜、槽、箱、缸)和容器 ………………………… (208)

16.6 静态混合器 …………………………………………………… (209)

第17章 聚合物生产和加工过程中的化学工程 …………………… (213)

17.1 聚合物定义 …………………………………………………… (213)

17.2 聚合物的种类 ………………………………………………… (215)

17.3 聚合物的性质和特点 ………………………………………… (215)

17.4 聚合工艺 ……………………………………………………… (217)

17.5 聚合物助剂 …………………………………………………… (219)

17.6 聚合物加工用于最终用途 …………………………………… (219)

17.7 塑料回收 ……………………………………………………… (220)

第18章 过程控制 ………………………………………………… (223)

18.1 过程控制系统的组成 ………………………………………… (224)

18.2 控制回路 ……………………………………………………… (225)

18.3 测量系统 ……………………………………………………… (229)

18.4 控制阀 ………………………………………………………… (230)

18.5 阀容量 ………………………………………………………… (233)

18.6 公用工程故障 ………………………………………………… (233)

18.7 过程控制作为缓冲 …………………………………………… (234)

18.8 "撒谎"的仪表 ……………………………………………… (234)

第19章 啤酒酿造工艺回顾 ……………………………………… (239)

附录Ⅰ 未来化学工程师和化学工程面临的挑战 ………………… (241)

附录Ⅱ 复习题答案 ……………………………………………… (245)

第 1 章　什么是化学工程？

字典中对化学工程的定义有很多，任何一种定义都是特定环境下所特有的，但它们都将在某种程度上涉及以下内容：

①生产商业上有用的材料所需的技术和技能，其中涉及到直接或间接使用化学材料，这意味着化工用于生产商业化规模的原材料。这一定义不仅包括传统的石油、石化、散装的特种化学品，还包括疫苗和核材料等产品的制造，这些产品在很多情况下被大量生产，而政府并非基于利润动机，而是基于造福人民。

②研究化学体系如何与环境和生态系统相互作用所需要的技术和技能。化学工程师在管理环境及能源系统中的政府机构发挥着关键作用。他们还可以向政府官员提供有关能源、环境、运输、材料和消费政策的咨询服务，处于咨询顾问的地位。

③自然和生物系统的分析，部分用来生产人造器官。从化学工程的角度来看，心脏是泵，肾脏是过滤器，动脉和静脉是管道。在许多学校中，将化学工程原理与生物学相结合，称为生物化学或生物医学工程。

各学校的化学工程课程并不一定相同，但他们都将不同程度地深入探讨以下这些主题：

①热力学。本主题涉及化学反应过程中的能量释放或消耗，以及所有科学和工程领域普遍研究的热力学基本定律。它还涉及研究和分析化学系统的稳定性，其中包含的能量以及材料形成或分解过程中释放的能量以及这些变化可能发生的条件。

②运输过程。流体流速有多快？基于什么条件下？需要什么样的设备来移动气体和液体？使用多少能量？热量从换热器内的热流体转移到冷流体的速度有多快？液体和气体的哪些性质会影响此速率？什么因素影响不同材料混合、平衡和相间转换的速度？气体、液体和固体的哪些性质很重要？需要多少能量？材料自身没有达到平衡，始终存在压力差、温度差或浓度差等驱动力。化学工程师需要研究这些过程及它们的速率以及影响它们的因素。

③反应工程和反应化学品。化学反应速率变化很大，有些反应几乎同时发生（酸、碱反应），而另一些反应则可能需要数小时或数天（固化的塑料树脂系统或

固化的混凝土）。在实验室烧杯中进行的化学反应规模较小，为了达到商业化生产，必须使用可购买到的原材料以较大规模生产，通常以连续方式进行生产。工业上使用的材料可能具有与其实验室不同的物理特性。由于大多数化学反应要么涉及产生热量，要么需要输入热量，所以必须从许多可能的选择中选择实操性强的手段，但是对于有可能释放有害物质的工业操作系统，必须配备备用公用工程。另外，化学反应速率通常是对数关系，而不是线性关系（例如传热），使化学反应有失控的可能性。化学工程师必须设计所需设备和操作条件。

④安全。一定数量、规模的有害物质（如氯气）的危害和物理性质在任何程度上都没有太大的差异。无论这些有害物质是在一个实验室小集气瓶里，还是在一个数万升的罐车里，或是在市政饮用水的消毒圆筒中，它的气味、颜色、沸点和毒性是不会改变的。但是，从大容量装置和罐体中释放这种材料会对周围社区和周围居民造成灾难性后果。任何大型化学公司对其使用、处理和生产的材料都基于同样的考虑，以确保其运营对周围社区及其客户的负面影响最小。在大学化学工程课程中纳入正式反应性化学品安全教育是积极的进步。化学工程师不仅深入参与设计和讨论其生产应急计划，而且还协助周围社区的应急响应系统和程序，包括确保所用材料的危险性和处理工序得到周边群众的充分认知。

⑤单元操作。这是一个独特的化学工程术语，涉及用于扩大实验室化学和化学工程实践的一般类型的设备和工艺。传热即是这种单元操作的一个典型例子。化学品和材料加工过程中需要冷却、加热、冷凝和汽化，这是很普遍的。估算发生传热的速率方程可以概括为简单的等式，使得 Q（能量传递量）与温度差（ΔT）以及系统的物理特性成比例，由于热量正在发生转移（物质的混合，密度和黏度等物理性质有差异），在数学上表示为 $Q = UA\Delta T$。能量转移量和温度差可能是已知的，涉及这两者的"系数"（经常用字母 U 表示）可能差别很大。这个基本方程可以应用于任何传热情况。同样的公式表达方法适用于许多分离单元操作，如蒸馏、膜运输 反渗透膜、色谱和其他传质过程的单元操作。传质速率与浓度差和经验常数成正比，受到物理性质、扩散速率和搅拌等因素的影响。在许多化工厂的运营中，传质传热会同时发生，例如，蒸馏塔会涉及传热和传质，工业冷却塔也是如此。最后要提的是流体流动，尽管泵和压缩机的种类很多，但它们的工作原理基本相同，即流量与压差、供应的能量以及液体或气体的物理性质成正比。因为这种类型的设备也使用能量加热其正在移动的液体或气体，必须考虑传热以及流体传输。

⑥流程设计、经济性和优化方法。扩大化学生产系统的方法有很多种。特定分离过程、输送系统、储存系统、传热设备、混合容器及其搅拌系统的选择可以通过各种组合来完成，这将影响可靠性、成本、过程控制方式以及过程的输出。

"优化设计"是一个经常使用的术语。对于所有制造相同产品的公司来说，其"最优化"的设计对于不同原材料基础、客户要求、能源成本、地理位置、劳动力成本以及其他不同公司所特有的变量都将产生影响。什么是最优化？有超级计算能力的计算机极大地帮助化学工程师从各种选择中找到化学工程设计最优化、组合。

⑦过程控制。在制造少量材料的实验室环境中，控制系统可能比较简陋（搅拌烧瓶和加热夹套）。但是，当同样的反应"按比例放大"几个数量级并且可能从批次到连续生产时，过程控制的性质会发生显著变化。全天候连续生产一定数量级材料具有特殊的挑战，因为原材料（现在来自工业供应商而不是化学试剂瓶）不同，加热和冷却所需的设备参数不稳定，外部环境会不断变化。化学工程师必须设计一个控制系统，不仅要对这种变化做出反应，还要确保对产品质量、外部环境和员工安全的影响最小。

随着化学工程领域的扩大，许多课程还将包含材料科学、环境化学和生物科学等专业课程。但将这些专业应用程序进行工业放大，上述基本要素都必须要考虑。

1.1 化学工程师都要做什么？

通过各类的培训，如化学、机械工程和物理学的独特组合，化学工程师在工厂里大显神通。以下当然不是一个全面的列表，但代表了大多数化学工程师的大部分职业和任务：

①扩大新的和改进的化学工艺，以制造新材料或降低成本，减少对环境影响的现有材料路线，即"中试工厂"，通常是实验室化学和全面生产之间的中间步骤。在某些情况下，这可能涉及多级放大（10/1、100/1等），具体取决于风险因素和技术储备。新工艺在实验室环境中存在操作问题，或导致安全问题，这是一个严重问题。如果同样的问题被放大，其后果可能会更加严重，这仅仅是由于被清查和处理的材料数量和规模所致。这些后果很容易导致严重的伤亡事故、巨大的财产损失以及导致周围社区暴露于有毒物质。

②过程和过程设备的设计。用于规模工厂的设备类型与实验室中使用的类型相同，甚至可能在中试工厂中使用的类型也很少见。如：管道尺寸、蒸馏塔中塔盘的数量和类型；热交换器中盘管；管子和挡板的结构；搅拌器系统的形状和大小；固体料斗的形状和几何形状；化学反应器的形状和构造；塔中的填料深度等，都是这种详细设计计算的例子。某些流体速度、电压和管道规格可能存在限制，这些限制可能与小规模企业需要的规格不完全匹配。在这些情况下，化学工

程师与其他工程师合作，需要设计一个系统来实现预期的目标，但该系统必须具有实践的可行性。在大型化学和石化公司中，化学工程师将成为某种类型工艺设备设计的专家，并将他们的大部分工作重点放在该领域。

③化学工程师的主导作用当然不是唯一的，但化工厂运营的公用工程支持系统的设计至关重要。这包括用于过程和应急冷却水供应，用于动力过程设备（例如泵和搅拌器）的电力供应的连续性，以及用于产生蒸汽和动力的石油、天然气或煤炭。它们不仅受经济影响，还受到特定制造场地的限制，包括可用水量、水和空气许可限制以及当地公用工程的可靠性。

④化学品、石油和材料行业的销售和市场职位经常由化学工程师担任。了解客户流程的能力对销售能力至关重要，特别是新材料市场开发或需要客户操作做重大调整的时候。

⑤工业界和政府部门的安全和环境职位经常由化学工程师担任。为了编写规则和法规，理解化学过程的基本局限性、热力学定律以及测量能力的局限性非常重要。有关危险材料运输的法规和执法行动还需要化学工程方面的专业知识，特别是在散装管道、轨道车和整车运输方面。

⑥化学和石化领域的成本估算也由化学工程师与机械、土木和仪器工程师共同完成。随着计算机功能的强大，可以根据原材料定价、地理位置、能源成本和成本预测来评估和比较许多可能的工艺选项，从而实现最佳的工艺设计，并能够预测变化条件下的工艺成本和经济性。

⑦实际化工厂的操作监控通常由化学工程师完成。这项工作对设备设计和性能的了解是至关重要的，但更重要的是，对工厂的运营进行管理，在遵守工厂允许运营许可的同时，尽量减少安全事故和污染排放。在这项工作中，化学工程师具有特殊的责任，不仅具有与工厂之间的劳务关系，在某些情况下还担任与公众交流的责任。

⑧在许多大公司和大学的先进实验室中，由高级化学工程师来完成基础化学工程的研究，并与其他学科进行联合作业。如人造器官设计中使用的化学工程原理，研究大气扩散以研究排放对环境的影响，设计和优化过程控制算法，替代能源及工业程序，以及以环保可接受的方式经济地从废物中回收能量。

⑨许多商业和行政管理职位，特别是化学和材料公司（包括大型和初创公司），都由化学工程师担任，他们可能是新入职的工程师。随着时间的推移，这些工程师的能力为人们所认可（包括技术、决策、人际关系和激励技能），并将化学工程师的管理和技术专长带到另一个其他的专业，从而胜任本来并无经验的专业领域。

⑩从化学工程的角度研究生物系统。这不仅包括前面提到的人体器官，如心

脏(泵)和肾脏(过滤器),还包括食物营养成分吸收和转化为人体的一部分。

⑪系统模型的发展。随着人类对化学工程系统的基本理解的深入,对许多过程系统进行数学建模变得更加容易。这需要化学工程技能与建立数学模型和软件知识的结合,在许多情况下,这些技能可以最大限度地降低系统扩展和评估的成本。

1.2　本书主题

在安全、反应性化学、化学规模和经济概述之后,本书将按不同的化学工程单元操作进行编排。

第2章:安全与健康:化学工程实践中的角色与责任。没有完全安全的化学物质(如,人们会在室温下溺死)。在化学加工工程中,安全的哪些方面是重要的?有哪些材料可用来评估灾害和应急计划?需要什么样的防护设备?化学安全的哪些特定方面需要特别的规划和沟通?有哪些公共和政府要求的信息?我们如何决定必要的防护设备?在大多数商业过程中,有丰富的安全和健康信息,但是需要自律检查和保持最新的信息。还必须了解化学系统对温度和热量、氧气、化学品种类和外部污染的稳定性。

第3章:平衡的概念。化学工程的核心原理之一是守恒原理的概念。在一段时间内,进入一个过程或系统的质量必须等于输出的质量。同样的道理也适用于任何化学反应的能量变化过程,也适用于与能量相关的设备操作,如泵和搅拌器。动量或流体能量是所有工艺过程的特定性质。

第4章:化学计量学、热力学、动力学、平衡和反应工程。如何把一个化学反应系统、分离系统、搅拌系统、流体传输系统或固体处理系统从实验室进行工业放大,是一个化学或材料的操作成功进行商业化运作的关键。在大多数情况下,放大的方法并不是线性外推。如果化学过程的规模扩大涉及到许多不同的单元操作,它们的规模扩大方法是不同的,设计一个大型规模的化学工艺装置是一场挑战。化学反应也需要或产生热量,反应速度和加热、冷却遵循不同类型的数学法则,要求工程师技术高超,设计必须精心决策,以防止事故、人员伤害和设备损失。许多化学品在环境条件下不会相互反应,但它们的潜在产品却可能发生反应。催化剂材料有特殊的表面属性,当以特定的方式激活它的催化活性时,可使化学反应在较低温度或压力下进行,同时它们对产品也有很高的选择性。

第5章:施工流程图、图纸和材料。当一个化学过程从实验室规模被进行工业放大时,通常会经历不同的阶段。一个小型工厂、一个小型实验室规模的过程，可能会进行变量测试，如催化剂的活性、转化率和产量随时间的稳定性、产品的可重复性以及类似的问题。要建成一个中试装置，约放大100倍实验室的规模，但仍为实际装置的1/10或者1/100大小的尺度。如果有必要在这个规模升级过程中向客户提供产品样品，可能会建造半个工厂。该单元的主要功能是为客户提供产品评估，同时会提供额外的规模和设计信息。一个已经熟悉通用化学的公司正在放大的过程可能会跳过其中的一个或多个步骤，但将规模扩大的风险控制到最小。随着这个放大过程的推进，带仪表控制点的流程图以及它的各个流程单元将如何相互作用变得更加详细化。

工业过程很少使用实验室中使用的实验设备，关键区别之一在于处理这些化工反应过程使用的设备材料。大规模地使用大型的玻璃设备既不安全也不实用。玻璃内衬设备是一种替代选择，但价格昂贵。对建筑材料的决策也是工业放大的一部分。在对将要使用的材料做出选择时涉及腐蚀速率和腐蚀产物，还要考虑降低腐蚀速率和产品污染的耐腐蚀材料可能增加的成本问题。

第6章：经济与化学工程。如果不能带来很大利润，任何化学反应或过程都不会被商业化。许多化学反应和配方都是在实验室范围内进行的。如果要进行规模放大，必须有很好的市场需求，产品或服务的价值（价格）必须大于其原材料的成本的总和，工厂生产最终产品的成本所需的任何必要的成本和环保成本，最终厂址选好后的清理成本、处理成本，任何借入资金投资的成本，研究和开发相关产品的成本，公司及其股东要求的放大装置必须有盈利能力。在运输和储存任何一种特殊化学品时，也会产生一定的成本。

如前所述，商业上可用的原材料成本和质量将与实验室试剂显著不同。如果质量降低，原材料会有不同的杂质，杂质含量会随着时间的变化而变化，能源系统的成本也会变化。由于工业放大装置建设可能需要许多年才能完成，而且预测所有这些变量的科技手段还不完善，因此需要考虑这些输入的变化以及它们最终将如何影响生产成本。制造物质的经济学也被分为固定成本、可变成本，即成本直接随产量变化，或者相对独立于产量。这两种特性的比率可以对化学或材料过程的盈利能力产生巨大的影响，这是规模和商业条件的函数。

第7章：流体流动、泵、液体处理和气体处理。本章将介绍流体流动的基础，包括泵、气体流动、管道系统以及过程条件变化的影响。流体输送设备在选择和使用之前必须了解其局限性。流体混合会影响化学反应速率、产品的均匀性和各种运输系统的能源成本。与质量和能量平衡类似，流体能量和动量在任何流体系统中都是守恒的，这些潜在的变化必须考虑进去。

第8章：热传递和热交换。由于很少有化学反应是能量中性的，所以必须提供或除去热量。传热设备有许多种类，如何安装这些不同类型的设备很重要。传热系统用于加热或冷却反应系统，绝缘管道以保持压缩气体、液体沸腾、冻结和融化或固体在存储系统中需求的温度，加热或冷却也可以用来控制或改变液体或气体的物理性质。也可以利用在该过程的某个环节产生的热量加热或冷却另一个工艺环节。

第9章：反应性化学概念。本章虽然因其重要性而相对独立，但结合了动力学、反应工程和传热等方面的内容，通常被称为反应性化学物的分析。在这类的工程放大过程中，如果做得不正确，会造成严重的生命和设备损失。

第10章：蒸馏。这是最独特的化工单元操作。许多液体混合物通常由化学反应产生，反应物经过分离以回收和提纯一个或多个组分。如果组分之间存在蒸汽压或挥发性差异，那么多次蒸发和冷凝的混合物可以产生高纯度产品，即挥发性更强的组分和挥发性较弱的组分。该单元操作是石油和石化行业的核心，该行业生产汽油、喷气燃料、导热油和聚合物加工原料。低温蒸馏也是分离工业的基础，周围环境空气通过低温分离成氮气、氧气、氩气，用于工业和医用。

第11章：其他分离过程：吸收、汽提、吸附、色谱、膜分离。吸收单元操作是指液体溶剂从混合气体中去除或吸收该组分。汽提则相反，是指将一个组分从液体转化为气体。由于环境法规减少了可直接排放到空气或水中的微量物质的数量，随着时间的推移，这两种单元操作变得越来越重要。吸附是利用气体、固体相互作用将气体或液体中的组分回收到固体表面，排出流体，随后通过压力或温度的变化回收固体表面上的组分。吸附原理也可用于优化前面提到的催化剂体系的设计，用于净化家庭饮用水的木炭"过滤器"就是这种装置的一个例子。离子交换树脂通常被用来"软化"家庭用水和工业用水。

有些混合物需要更先进的分离技术，如水蒸馏。基于基本的热力学性质，大自然中的水会更倾向于含有盐，而不是处于纯态，有必要通过利用压力差的可渗透选择性膜来克服这种"自然"状态。与蒸发相比，用盐水生产饮用水的成本更低。也可以通过薄膜技术和低温蒸馏（室温以下）将空气转化为氮气和氧气。

第12章：蒸发和结晶。许多化学反应导致产品溶解在溶剂中，包括溶解在水系统中的盐。这类解决方案通常需要知道所需的产品规格，或者可能需要去除其溶解性低于所需产品的组分。加热或冷却这种溶液可以用来蒸发或结晶溶液，并改变其溶解固体的浓度。本单元操作及其原理与第8章的传热主题重合。

第13章：液-固相分离。过滤是从浆液中去除固体加以回收（可能通过蒸发或结晶过程）。可以是回收有价值的产品，或通过沉淀进一步提纯更纯的液体。

如滴滤咖啡机就是过滤的一个例子。这种单元操作可以通过使用重力来实现，例如离心机。家用洗衣机的旋转模式是这一单元操作的例子。

第14章：干燥。许多化工产品的最终产品形式是固体。干燥的固体(水或溶剂的去除-过滤过程)包括与热湿固体的接触，以某种形式脱除(直接接触、间接接触)残余水或溶剂。需要达到的干燥程度是工程设计的一个关键因素。家用干衣机的设计就是一个日常例子。

第15章：固体处理。固体处理的基本原理在化学工程课程里很少涉及。然而，从实用和工业的角度来看，决定固体运输设备(螺旋输送机、气动输送机)运行的变量是非常重要的。固体的特点及其运输和存储能力比液体和气体复杂得多，需要额外的物理性质做依据来正确设计储罐等生产装置和储料器、螺旋输送机、气动输送机、旋风分离器。固体处理中也存在一些非常独特的安全问题，这些问题常常被忽视，从而导致粉尘爆炸。家庭厨房储存装置里固体颗粒的结块也是工业加工和包装中常见的情况。

第16章：储罐、容器和特殊反应系统。虽然结构支架、压力容器和储罐的实际设计通常由机械和土木工程师完成，但设计要求往往由化学工程师设定。虽然储罐和容器可以用来简单地储存物料以备库存或批次质量控制，但有时候也被用作反应器。通常会涉及到液体、气体和固体的混合、传热，还有压强、相位和体积的变化。

第17章：聚合物生产和加工中的化学工程。这些材料包括由单体反应产生的乙烯、苯乙烯、丙烯和丁二烯，具有活性双键。当被热、化学或电磁场激活时，这些单体可以相互反应，产生长链的高分子量聚合物。不同的单体可以共同反应，产生不同几何构型的共聚物和三元聚合物。由于特殊的物理性质和化学特征的非均匀分布，这类材料具有独特的加工和处理难度，它们在混合和反应过程中也有独特的挑战，以产生最终想要的产品特性，如颜色和熔融特性。

第18章：过程控制。所有的单元操作和单元集成到一个化学过程中都需要一个控制系统的设计，这个控制系统将会生产客户想要的产品。本章还讨论了处理前面提到的安全和反应性化学问题所需的控制系统的各个方面。

第19章：啤酒酿造工艺。本章将从化学工程原理的角度来回顾咖啡的酿造过程。

附录提供了更多的讨论和参考材料。在开始学习化学工程课程之前，让我们来看看啤酒酿造工艺流程图(图1.1)。

在阅读本书之前，请列出在设计、运行、控制和优化酿酒厂过程中遇到的一些化学品安全问题。在书末尾，我们将重新回顾这一过程。我们将用咖啡的酿造过程作为例子来说明这一过程，这个过程贯穿全书。

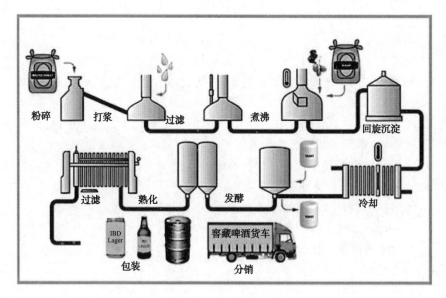

图 1.1 啤酒酿造工艺

问题讨论

1. 化学工程师在你的操作和组织中扮演什么角色？

2. 在您的过程和设备中进行了哪些单元操作？哪些是很容易理解的？不是很清楚吗？

3. 在参与化学过程操作之前，非化学工程师如何接受教育？由于缺乏对化学工程原理的理解，有什么后果吗？

4. 你们的工艺中使用了什么化学工艺操作？关于这些单元操作的知识是如何保持最新的？负责人是谁？

5. 在您的部门的未来计划中，哪些领域可能涉及化学工程？

复习题(答案见附录)

1. 化学工程是_____。

A. 实验室工作和化学品的教科书研究 B. 化学、数学和机械工程专业

C. 化学反应机理和设备可靠性   D 计算机和制造工业化学品的设备

2. 化学和化学工程的主要区别包括_____。

A. 安全和质量错误的后果   B. 工艺控制的复杂性

C. 环境控制和文件   D. 处理外部变量的影响

E. 所有这些

3. 在大规模化工操作中，一个在短期实验室操作中不常见的实际问题

是_____。

    A. 人员数量   B. 人员保护设备要求

    C. 防腐   D. 工程师和化学家的办公室大小

    4. 大型化工厂的日常操作复杂程度比实验室操作更上一层楼，除了_____。

    A. 天气条件   B. 紧急停机和公用工程损失后果

    C. 上游和/或下游互相交叉影响

    D. 公司、供应商和客户库存的价格随时变化

    5. 化学工程单位的操作主要涉及_____。

    A. 使用单一单元二进制指令的化学操作

    B. 化学过程系统中的物理变化

    C. 执行相同速度的操作

    D. 一次只做一件事的操作

参考文献

Felder, R. M. and Rousseau, R. W. *Elementary Principles of Chemical Processes*, 3rd edition, John Wiley & Sons, Inc., 1, 2005.

Himmelblau, D. M. *Basic Principles and Calculations in Chemical Engineering*, Prentice Hall, 1967.

Peters, M. *Elementary Chemical Engineering*, McGraw Hill, 1984.

Solen, J. and Harb, J. *Introduction to Chemical Engineering: Tools for Today and Tomorrow*, 5th Edition, John Wiley & Sons, Inc., 2010.

http://www.aiche.org/academy (accessed August 29, 2016).

第2章 安全与健康
——化学工程实践中的角色和责任

2.1 基本健康和安全信息：材料安全数据表(MSDS)

我们经常听到"危险化学品"这个词，好像它与其他正常材料不同。就好像我们把水描述成好像它不是一种化学物质，但它确实是！它有一个化学式 H_2O。每年都有成千上万的人在室温下死于水(溺水或被洪水冲走)，但我们的生命没有它不能超过几天。每一种物质都有一个化学式，在某些情况下，每一种物质都会造成伤害。如人们会被蒸汽烫伤。汽油连同内燃机一起是驱动汽车的必要材料，但同样的材料是高度易燃的(但仅在某些条件下)，汽油可以把汽车烧坏，对乘客造成严重烧伤，也可以用于纵火。这是一个化学工程师(连同化学家、毒物学家和生物学家)工作清晰地定义这些危险的条件是什么？它们如何产生的？不仅要防止这些情况的发生，也要清楚地传达给周围使用这些材料的人，使他们知晓同样的信息，知道如何处理这些不安全问题。例如，扑灭汽油火灾的最好方法是什么？如何预防？

对任何化学或材料可用的基本信息都应该可以查到。MSDS 遵循了特定化合物的材料安全数据表的大纲，需要提供给供应商的客户的摘要文档。最近，美国职业安全与健康标准(OSHA)将这些表的描述改为简单的"SDS"，即安全数据表，标准化了 15 个子主题格式。

①化合物的名称、化学配方和供应商。由于有些化学物质有"绰号"，它不能清楚地表明该物质是什么。如"水"这个词并没有告诉我们它的化学式是什么(从惯例和习惯上，尽管我们大多数人都知道它)，我们可以合法地把它描述为二氧化二氢，而不是我们熟悉的化学术语"H-2-O"。这似乎是一个微不足道的例子，但当我们听到"辛烷值"这个词与汽油结合在一起时，它就意味着几个不同的化合物，其中包含所有的 8 个碳原子和 18 个氢原子。排列这些分子有几种不同的方式，并且没有具体的物理排列(线性？支链吗？以何种方式?)，我们可以设计一个不适当的防火系统，提供错误的辛烷汽油，或误判沸腾或释放点。我

们可以假设任何化学物质都有相同的信息，不管谁提供的信息，但这是一个危险的假设。不同的供应商供应的原材料可能有不同的纯度，尤其是相同的材料通过不同的生产过程，这是相当常见的情况。在化工行业，不同的供应商对其供应的材料会有不同程度的了解。

②化工材料危害性的一般性质（非特定性质）有：它有毒吗？什么化合态？是易燃的吗？在空气中的浓度范围？点燃材料有多容易？有什么特别的危险需要注意吗？与水反应吗？它是强氧化剂吗？

③化合物的化学成分。如前所述，这不仅需要化学成分，而且还需要对化学结构的精确描述（稍后我们讨论几何和光学异构体时将详细介绍），以及通常存在的杂质达到什么程度和范围。没有百分百纯粹的材料这种东西，任何材料的纯度可能在微观水平（例如 ppm）或在几个百分比水平。正如前面提到的，生产化学物质的过程可能会影响杂质的含量。

④急救措施。如果参与生产分发或使用材料的个人接触到这些材料，需要做什么？多长时间？紧急救援人员需要知道什么？急诊室医生需要知道什么？需要立即采取什么特别的措施？给谁？处理吸入、皮肤暴露和口服摄入需要采取哪些不同的措施？如何诱导呕吐（你可能会问自己为什么，这很重要），为什么或为什么不呢？在意外泄漏或泄漏的情况下应该做什么？需要立即采取何种中和措施或对策？处理这种材料需要什么样的防护设备？手套、护目镜、橡胶套服、呼吸面罩？特殊的眼镜？皮肤和呼吸保护？有什么特别的地方值得关注，如皮肤吸收快或嗅觉神经脱敏？

⑤火灾危险和消防问题。如果材料是完全不可燃的，此表没有列出（事实上"非易燃"应该列出来）；但如果材料在高温或者火灾下分解，则可以产生易燃或有毒的副产品，这将被列出。如果一种材料是易燃的，它的可燃性范围是什么（之前报道过同样信息）？在可燃范围内，点燃一种材料需要多少能级？可燃性范围是否随压力变化？对一些材料而言，水并不是首选的灭火手段。例如，一种易燃的、不溶于水的材料可能会分散开来使情况变得更糟。一种物质可以是水反应性的。另一种选择是什么？当地消防部门知道吗？他们有替代材料（如二氧化碳）吗？是否举行演习？经常与当地紧急救援人员进行最新的沟通？

⑥意外泄漏和泄漏。应该做些什么？需要什么样的紧急反应？由谁来做？如果泄漏会导致向市政饮用水的水源排放，有什么紧急程序？是否有频繁和在近期与市政当局和紧急救援人员沟通？是否存在加速管道或存储系统的腐蚀条件？如果是，它们是如何被监控的？

⑦处理和存储。应该用什么样的材料储存或转移这些材料呢？有特殊的腐蚀问题吗？例如，含有氯的化合物或可能在反应中产生氯离子的化合物不应在不锈

钢中处理，普通碳钢可能更适当。在不锈钢中，氯离子可以与晶界相互作用，钢会产生灾难性的破坏，而不是仅仅加速腐蚀。更昂贵的材料不一定是更耐腐蚀。一个典型的例子是氯与碳钢的相互作用而不是与更奇异的金属钛。如果氯非常干燥，它可以通常用碳钢处理；然而，如果氯是湿的，它会攻击钢并迅速腐蚀它。湿氯不会攻击钛管道，而干燥的氯会立即与钛发生反应生成四氯化钛，这是一种类似火灾的反应。依靠直觉选择存储和管道材料从来都不安全。

⑧接触和个人保护。我们需要知道，处理特定材料的人需要穿戴防护设备（通常称为 PPE）。如果皮肤可能被灼伤或刺激，需要穿戴哪种防护设备？手套吗？安全套装？什么样？使用什么材料？多久检查一次或更换一次？材料的潜在危害和必要的保护是否得到充分传达？

⑨物理特性。所有的化学物质都有其熔点和沸点，但这些可能会受到杂质的影响。一些材料，当它们融化时，可以从白色的固体变成无色的液体，从而否定了化学物质存在的视觉标志。沸点会随着压力变化，很多时候，假设物质的沸点（从的环境压力来看）然后没有重新计算压力的变化，因此，化学蒸气就可能在不考虑压力的条件下逸出。

⑩稳定性和反应性。许多化学品和材料是稳定的（意味着它们在储存或使用时不会分解到任何可测量的程度），另一些化学品则可以分解成不同程度，作为温度或与其他材料结合的函数。例如，酸和碱会随着能量的释放而反应。汽车安全气囊保护我们的化学烯烃（叠氮钠）是一种化学物质，它在受到冲击下分解，产生氮气，当氮气释放时，会引起气囊膨胀。在这种情况下，我们用已知的不稳定性用于有用的目的，很明显，如果这种反应在无意识中发生，可能会发生重大安全事故。用于包装和运输化学品的材料也属于这个类别。金属的种类及其腐蚀速率是温度和杂质的函数。我们以前讨论过氯系统的独特性，关键在于腐蚀和存储需要基于数据而不是假设。

⑪毒理学效应。不同种类的化合物可以集中在不同的身体器官。例如，卤化有机化合物倾向于集中在肝脏，苛性钠化合物和碱会严重影响眼睛和皮肤。了解毒理学效应是很重要的，可将毒理作用提供给处理或可能接触到有毒材料的人员。这些信息也需要与消费者共享，并包含在提供给他们的 MSDS 或 SDS 表中，涵盖于皮肤、眼睛和内部器官，如肺和肝的影响和相互作用，通常还包括会影响未出生的孩子、生殖器官和癌症病因的信息。

⑫生态信息。如果被释放到环境中，该如何进行生物材料的集中处理？作用在什么物种？它在沉积物中集中吗？一种化合物在水中的溶解度将在其中起重要作用。化合物是如何被生物降解的？通过什么机制？什么信息是否需要提供给环保机构？如果一种物质被释放，对饮用水供应有什么影响？

⑬处理信息。在实验室条件下，少量的化学废物可以简单地放入特殊的废物容器中，然后由商业处理公司将其清除。在更大的范围内，这些类型的材料需要受到大量监管要求，这也取决于执行操作的状态。这些要求必须严格遵守。在一些大型化学制品公司中，可能有回收或再利用这些材料的方法。也可以通过燃烧或热解将材料焚烧，重复使用热量或原材料。

⑭交通法规。许多化学品都受到美国交通部(DOT)的严格管理，交通部负责监管规定化学品的存储、运输和标记。此外，个别国家可能有额外的标签和信息要求。至关重要的是，化学工程师，特别是配制方面的工程师，要了解这些法规最新的版本。

⑮其他监管信息。信息，如"知情权"法律、SARA 313 分类、MSDS 更新、RECRA 等信息对于处理化学材料的化学工程师是必要的。他们需要了解并确保一致性。如果有人变更了地理位置，不同州要求可能不同，这一点尤其重要。还有国家消防协会(NFPA)信息必须是更新以确保运输标签用于协助紧急情况时是最新的。在 MSDS 表格中，保持最新信息非常重要。虽然因为已经有了很多文件，所以可能扔掉最新收到的文件成为一种习惯，但是重要的是审查最新的MSDS 表，并用最新的 MSDS 表替换旧表。

2.2 程序

除了对化学制品的性质有基本的了解之外，在处理化学制品时，确认的标准程序及其使用和处理的安全要求是至关重要的。因为化学品和材料的处理和处理方式会因公司和网站而异，所以这些通常都超出了 MSDS 表中所包含的范围。

特殊情况的化学处理包括启动、关闭和紧急关闭。这些程序与在稳定状态下的操作不同，并且很难考虑到所有的可能性，需要意识到并有能力对异常和未预料到的情况做出反应。这些可能包括来自储罐和管道的泄漏、运输的紧急情况，来自天气或紧急情况的外部环境的紧急反应，上游或下游的过程，电力供应的损失，以及其他未预料到的情况。

2.3 火和可燃性

化工和石化行业特别关心的是处理易燃材料。我们通常对天然气、汽油、丁烷、丙烷，乙炔等材料比较熟悉，但是还有更多的物质具有潜在可燃性和爆炸性问题。我们如何对这种类型的危险进行定位？

易燃材料本身并不易燃。在除了化学物质(燃料)本身之外，还需要另外两种必要条件：第一个是氧气，大气中大约 21%（体积分数）的氧，所以氧气就在我们周围。易燃材料需要燃烧一定量的氧气，但大多数时候这个水平低于 21%，需要用氮气或氩气等气体填充。第二个条件，有热量或者火源。汽车里的火花塞即提供了这种点火源，火花塞点燃了一定比例的汽油和空气的混合物。这三个要素——燃料、氧气、热量/点火源构成了火三角，如图 2.1 所示。

图 2.1　火焰三角形

图 2.1 中，燃料在三角形的右边，点火或热源在三角形的底部，氧化剂在三角形的左边，如果没有这三种要素，就不可能发生火灾。

在这张图中，热通常是点火源的副产品，"氧化剂"可以是除了氧（O_2）以外的强氧化物质，如过氧化物，氯化物、溴酸盐和碘化物也能提供所需的氧化剂。人们很容易认为，防止火灾的最简单的方法就是除去热量和点火源。虽然有可能消除高温热源，但是几乎不可能消除点火源。在我们周围，摩擦会产生热量，它是由机械零件如轴和轴承摩擦运动产生的，人简单地穿过一个非导电的绝缘表面（如当你和别人握手时，比如冬天湿度低的地毯上，你会感觉到摩擦起电），一些简单的流体流经一个塑料、绝缘管道或液体喷到的打开的水箱内，都会产生摩擦电荷。在传统的加油站中，通过增加静态填充塑料和接地金属汽油容器来预防火灾。唯一行之有效的防火方法是消除氧气的存在，这通常是通过惰性气体如氮气的使用来实现的。

我们进一步通过所谓的爆炸下限和爆炸上限（分别表示为 LEL 和 UEL）来描述可燃性。尽管汽油是易燃的，但它只能在一定氧气浓度范围内被点燃并持续燃烧。在较低的极限下，过低的燃料/氧气比不足以维持火灾。有可能点燃火，但火不能持续燃烧。在蛋糕上吹灭生日蜡烛也是类似的情况。因为我们提供了太多的空气（氧气），所以燃料/空气的比例太低了，火即使着了也会熄灭。在另一个极端情况下，燃料/氧气比例太高，没有足够的燃料与氧气反应。由于洪水而无法启动割草机引擎的例子与此类似。易燃液体还有一个重要的性质，那就是自燃温度，这种情况下外部点火的温度达到燃烧条件不一定需要火源。温度升高到自燃点时，系统有足够的热能作为点火源，发生自燃。

LEL 和 UEL 也受压力和温度的影响，因此测量这些数据时必须超过实际计划的工艺条件。氧气浓度的增加以及超出正常大气条件压力的增加，都会增加物质的可燃性。

最小点火能量(MIE)是点燃可燃混合气体所需的能量，这个值可以有很大的变化。例如，乙炔为 0.02mJ，己烷为 0.248mJ，这使得乙炔远比正己烷更容易着火，但两者都非常易燃。虽然氨通常是不易燃的，它的可燃范围在 16%~25% 之间，然而，氨的 MIE 大约为 650mJ。这数值比易燃物的高几个数量级且不易点燃，但并非不可燃烧。

关于这类数据，有两点很重要：首先，它由给定的压力决定(前面提到的条件是在大气压力下)，必须使用存储或者过程中压力的实际数据。第二，火灾或爆炸的后果在 LEL/UEL 区域中更严重。爆炸压力通常在这个范围的中间达到峰值，如图 2.2 所示，需要设计防爆装置以最大限度地处理可能产生的最大压力的影响。

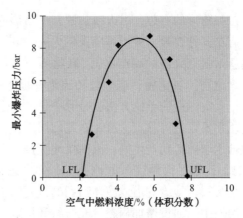

图 2.2　爆炸压力与爆炸浓度(1bar=10⁵Pa)

与其他此类数据一样，应该在可用情况下使用实际的实验室数据。另一个实际问题是爆炸的压力和能量的增加，同样，这又是一个由实验决定的参数，在测量防爆系统中很重要。每种可燃材料都有自己的响应曲线，不能简单地用数学的平均的单个复合数据估计系统的爆炸压力，而要用实际测量系统的数据。

我们把爆炸分为几个大类。爆炸通常是指火和爆炸的火焰锋的传播大于声音的速度(在听到爆炸声之前就能看到火)的火灾和爆炸。第二，另一些爆炸，火焰前锋的传播速度小于声音的传播速度（在火被看见之前听到爆炸声）。"爆炸"以一种不受控制的形式引起密封设备或管道的破裂。火灾和爆炸可能是由气体、液体或固体引起的，我们常常忽略后者。一些最致命的火灾和爆炸发生在农业地区，包括面粉、糖、硝酸盐等物料。爆炸也发生在传统的化学工业中，如含有塑料粉尘等能够产生静电的材料，在第 15 章将讨论固体特殊的火灾和可燃性。

2.4　化学反应性

这一领域必须特别注意的化学反应物质包括过氧化物、自聚合单体、氧化/再氧化组合物以及对震荡敏感的材料。此外，还需要分析的是产生热量的工艺过程，以便产生足够的热量引发化学反应，包括混合、搅拌以及可以和工程材料反应的建筑材料。另一个需要审查的领域是在储存和运输过程中如何处理被抑制的单体，防止其聚合。

使用一种被称为加速速率热量的技术（ARC）进行了特殊的分析试验，研究了反应性化学系统，在这些测试中包括所关注的化学品和材料在参考标准条件下缓慢加热，以及各反应点。当反应或分解速率超过了系统去除热量的能力时，就会清楚地识别出来。我们将在第 9 章深入讨论反应性化学品的内容。

2.5　毒理学

毒理学是研究材料如何与生物系统相互作用的学科。本书将讨论化学制品对人类的影响。多年来，化学工业中的生物技术逻辑模型主要是基于动物实验，从而预测化学物质对人体和特定器官的毒理学影响。这些试验主要是用老鼠和兔子作为与人体化学反应的模型。虽然细胞培养法在鉴定方法上取得了很大的进展，但动物实验仍然是常用的预测方法，用来预测人体器官对化学物质释放的反应。

释放一般分为二类：急性低水平释放和持续释放。例如，酸、碱或有毒气体重大泄漏的影响，将会与同样的材料在几年内缓慢的持续释放不一样。首先应需要明确定义紧急反应和立即生命挽救程序，其次则是需要持续地进行监控和医学检测。

人类接触化学物质的过程可以通过多种途径进行，包括眼睛、口腔、接触皮肤和肺部。一种特殊的化学物质可能会对身体或器官的某一部分产生更大的影响。保护设备是在我们已经了解这些影响的基础上进行的。化学品供应商会提供给客户这方面的知识。作为化学工业品生产流通的一个环节，通常被称为"产品管理工作"。这个概念超越了化学制品的安全处理问题，包括运输问题和废物处理。

2.6　应急响应

尽管有了很好的处理机制，但由于公用事业的损失、人为的错误，紧急情况还是有可能发生。在今天的世界，恐怖主义还存在，交通事故也时有发生。

处理紧急情况需要预先计划，而且有针对意外事件的反应和演习。对此类事件的准备包括沟通（对员工、应急响应人员和周围社区人员的沟通），确保当地社区和运输供应商获知最新的安全、毒理学和医学信息。演习并预先计划通常与当地的紧急反应部队和医疗设施一起进行。这些应急反应人员和医疗设施可用于治疗不可预期的泄漏和爆炸的受害者。在许多大宗商品化学领域，如氯气，供应商已经达成一个协议，允许最近的制造商应对紧急情况，而不是最初的供应商不得不跋涉数千英里，以致推迟必要的应对措施。

2.7　交通突发事件

当化学品通过陆地、海洋或空中运输时，对事故造成的泄漏及其后续的反应事故是应急反应人员面临的一个很大的挑战，因为他们没有接受过培训或认识就近的化学设施的当地紧急反应小组。为此，NFPA 与化学工业组织合作开发出了一种用于运输车辆的视觉上的钻石符号，如图 2.3 所示。

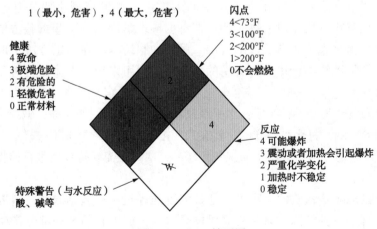

图 2.3　NFPA 钻石图

虽然这幅钻石图一般不会告诉急救人员化学配方名称，但是它却可以提供以下重要信息：

①健康危害的性质是什么？它是相对无害的还是剧毒的？这部分钻石通常以深灰色显示(钻石图的左边 1 部分)。

②它的闪点是多少？这可以告诉紧急反应人员他们需要考虑严重的火灾和爆炸可能性的程度，包括远离火花产生装置(如汽车)。这部分钻石图在顶部 2 部分，是典型的中灰色。

③材料的反应性如何？是冲击还是热敏感？这部分钻石图通常以浅灰色表示，在钻石图的右边 4 部分。

④钻石图底部的白色 W 部分可能是空白的，但它是可以指示任何特殊危险的地方。在图 2.3 中，这个特殊例子中显示材料与水发生反应，因此应急反应人员可能会使用二氧化碳(CO_2)作为灭火介质，而不是水。公共突发事件应急响应人员一般都受过良好的教育，应该熟知钻石图里面的颜色、数字和符号的含义。

2.8　危害和可操作性研究(HAZOP)

由于在英国弗列克斯伯勒的一个石油仓库发生重大事故，以及随后发生的其他事件，化学工业领域开始了正式的审查程序，现在被称为危害和可操作性研究(HAZOP)。这个评审过程已经成为化学工业领域所使用的支柱评审过程之一，与传统的审查相比，采取不同的形式，对指定的流量、温度、压力和标准进行了回顾，主要关注的是如何维护和控制参数，保证其在指定的范围内。

在 HAZOP 评价中，我们可以系统地提出问题，如果参数不是设计范围内会发生什么？例如，如果一个化学反应容器被设计成在 100psig、200℃ 条件下运行，我们可能会问以下类型的问题：

①如果压力低于 100psig 会发生什么？高于 100psig 呢？高还是低？持续多长时间？

②如果反应温度低于 200℃ 呢？高于 200℃ 呢？低多少或高多少？持续多长时间？其结果仅仅是生产出了一种可能不得不回收或者处理的不合格的产品吗？释放有毒物质了么？生产的副产物是否会污染主要产品？容器破裂了吗？发生火灾或爆炸了吗？达到什么程度？

显然，在一个反应过程中除了温度之外，还有许多其他的过程变量，包括在批处理过程中的流速、流动方向、组分、顺序和添加量，材料的潜在污染，流动方向，错误的替代材料等很多其他影响因素。

我们可以很容易地想象出这个过程的一个简单例子。想一想我们的家庭淋浴，这些问题的答案是直接的，而在化学工厂可能取决于特定的情况：

①热水的温度应该是 120°F，由一个水箱中的恒温器控制。如果水在 140°F 从水箱里流出来怎么办？160°F 呢？热灼伤通常被认为在 140°F，所以控制这个温度是至关重要的。热水器需要多少"备份"控制才是可取的？负担得起吗？大多数使用淋浴的人都会把热水和冷水混合在一起，以便达到理想的温度。如果冷水供应停止，是否可以产生 140~160°F 的水？是否会发生这种事？如果发生这种情况，供水是否需要自动关闭热水？在一个系统的管道维修过程中，冷水和热水供应阀门会安装反吗？如果热水加热系统坏了怎么办？洗个不舒服的冷水澡还是水管干脆都冻住了？如果它们冻破裂了，那又有怎样的后果呢？在什么情况下会产生？谁来解决？

②水系统的压力一般是由公用事业或私人经营的水井公司控制的。如果由于水管断裂造成突然间水压力下降，这是安全问题吗？还是仅仅引起不便？如果意外扩大呢？水管会破裂吗？漏出的水会流向哪里？

③管道系统的设计通常设计成允许水从水浴缸或淋浴中流出。如果下水道堵塞，浴缸溢水怎么办？水去哪里？如果淋浴是在建筑物的第 10 层，与地面相比，这两者的影响有什么不同吗？用堵塞的排水管冲洗需要多长时间？

④除了水之外，还有什么能进入供水管道吗？如果有，可能是什么？如何检测？太多的软化剂会不会导致表面非常光滑？是否会发生涉及废水的问题？是如何发生的？

这些类型的审查的关键是对流程的所有方面提出正确的问题，而不是依赖于随机的想法或头脑风暴。表 2.1 显示了 HAZOP 评审中使用的典型问题列表及其含义示例。

表 2.1　典型的 HAZOP 问题

NO(没有达到设计目的)	流量是 0：40GPM 设计
MORE(更多，高于)参数上的大量增加	流量是 60 相比于 40GPM 设计
LESS(小于，低于)参数上的降低	流量是 20 相比于 40GPM 设计
AS WELL AS(和……一起发生额外的活动)	材料是被污染的
PART OF(仅仅是设计目的的一部分)	40GPMS 10 分钟与设计 40GPM20 分钟
REVERSE OF(设计目的相反的)	40GPM 被泵注入到一个槽中相比较于设计 40GPM 离开一个槽

COMPLETE SUBSTITUTION(设计目的)	40GPM 的化学品 B 相比较于设计 40GPM 的化学品 A
WHERE ALSE(设计目的)	流体流向罐 A 相对于流向罐 B
BEFRE AFRER(之前和之后)	在一个批次顺序，A 在 B 之后加入相对于先加入 A 再加入 B
EARLY/LATE(早期，晚期)	A 加入了 15 分钟到连续的批次里 相对于 10~20 分钟
FASTER/SLOWER(加速，减慢)	40GPM 10 分钟 A 被加入相对于 30GPM
COUPLING	流程错误，时间顺序/或者流向错误

许多行业事故案例研究都给我们提供了宝贵的经验，可以在一般的安全领域应用：

①沟通。在大型组织中，不同群体对化学物质有不同程度的了解，而会受到安全影响的人可能并不了解。经验案例包括化学分解温度、反应性信息、腐蚀信息、极端温度的影响。

②材料的压力。一般来说，化学工程师并没有接受过材料学方面的深度训练。我们常常忘记金属随温度而改变体积。而工艺设备的启动和关闭必须考虑这一点，特别是使用高温流体或制冷剂的换热器。这些类型的设备必须有明确的、有序的、渐进的启动和关闭程序，以最大限度地减少管道从管板破裂的可能，或者由于管子堵塞以及制冷剂蒸发而意外产生的高压。

2.9 保护层分析(LOPA)

还有一种被广泛使用的安全分析系统可以添加到复杂列表中，这就是"保护层"的概念。举一个简单的例子，假如离开你的房子去旅行，你的安全分析可能取决于你是独自生活还是和某个你关心的人一起生活，也可能取决于你住的地方和你邻居的关系。假设你担心一个可能的入侵者，你的第一"层"安全考虑是锁上门，并可能在你的房子周围设置一个运动检测器。根据你对第一层的信心，考虑到你的家人是否睡得很香，你可能会试图堵住门窗，破门而入产生玻璃破碎和引发的重大噪音可以唤醒正在睡觉的人。如果你认为这场骚动还不够吓跑入侵者，你可以安装一个本地报警器，由门窗打开而触发。报警器与当地警方相联锁，产生紧急呼叫。警报声也可能会惊醒邻居，提示他们可能发生了什么。当然，报警器可以连接到一个实际中央报警站，该报警站将打电话给当地警方。另外还可以配备一个现场摄像头，拍摄入侵者，提供更多证据给警察。如果你的房子是一个充满珍贵宝石的豪宅，你可能会雇佣一个警卫，以防你的担心，你还可以另外雇一名备用的警卫。

每一个安全层都需要钱，你是怎么决定的？打算花多少钱？那要根据情况了，事件发生的可能性有多大？你们附近有什么抢劫和闯入的历史？你的家人睡眠状况如何？各种报警公司的可靠性如何？他们收费是多少？在你居住的区域里允许有一把租用的枪吗？这里没有一个标准答案，但我们每个人都经历过这种类型分析，尽管有些肤浅。当我们离开家或当我们的车无人看管时，我们不是不让它开着节省几分钟？我们什么时候回来？我们把钥匙留在车里吗？我们进行心理计算风险以及我们愿意花费最少钱来消除风险？我们可以用同样的方法来决定投资水平和性质，以便将危险作业的影响和潜在释放的影响降至最低。

例如一个储存危险材料的储罐，因为它具有潜在的火灾危险且罐中物质具有毒性，一开始我们可能需要满足一些监管要求，进行筑堤、通风控制等，这取决于化学物质的性质和状态或者油罐所在的具体位置。但在此之后，我们要做出决定，我们需要知道油罐中的液位，以确保油不会溢出。一个液位指示器够吗？额外的费用是多少？油罐溢流的社会、环境和商业影响如何？仪器本身可靠吗？供应能源的公用工程事业公司的可靠性如何？我们需要备用的空气还是电力供应？储罐是另一个原材料供应商吗？复杂程度一样吗？是另一个客户吗？对于这些问题，没有正确或错误的答案，但必须有意识地回答，并对于我们关心的每个系统的测量、评估和反应的成本做出相应的判断。我们也要认真考虑所有可能引发响应的"启动"事件，以及它们发生的频率。最后两项可以随时间变化，需要定期重新检查。

图2.4是一个工艺反应器的LOPA。即便一个初始事件（即管道泄漏、火花、错误的成批反应配方、高压或断电）都可能引发"事件"。例如，管道泄漏可以是由于超压或腐蚀问题所引发。在最初的设计中，已经为这种可能性配置了泄漏检测系统，出现泄漏时控制系统切断通过该管道的流量（2层、3层和4层）。如果前面的控制系统不起作用，第二层保护可以很好地复制这套控制系统，出现泄漏时关闭反应系统。进入放热反应器的冷却水管道有泄漏吗？如果失去冷却水，可能导致材料失控以无法控制的方式释放？此层已嵌入了一种方法，每个仪器都能相互通信，功能正常，这就足够了。第三层保护有必要吗？还是要看具体情况如何？离周围的住宅有多远？LOPA计算的科学性会变得相当复杂，软件程序和培训有助于这些计算。值得注意的是，永远不会发生任何安全问题的唯一办法是不建造工厂，但这显然不可能。

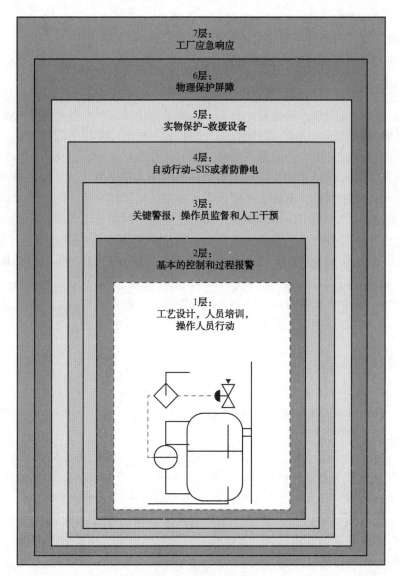

图 2.4　保护层分析

2.10　结语

化学工程师的主要职责是化学品工厂的安全操作和安全处理。多年以来，已经开发了很多的评估和分析信息的工具，以确保我们拥有最合适的工具和数据，以期为我们合作的组织和社区提供安全保证。

美国化学工程师协会(AIChE)其职业道德声明部分如下：

工程师在履行职责时应把公众安全、健康和福利放在首位。

所有参与化学处理的人都需要记住这一点，并且永远不应该忘记。

煮咖啡的安全性

这个化学过程涉及哪些安全方面？它不是化学反应吗？放在热盘子里几个小时的咖啡和它第一次滴下时候味道一样吗？这里有化学降解反应发生。无论是冲速溶咖啡还是生产渗滤器滴咖啡，都需要热水。它是从哪里来的？取决于你的首选，你可以用水龙头里的热水加到速溶咖啡杯子里。这通常不够热，不能生产出理想的饮料，所以水可能来自水槽中的电加热水流。因为水可以造成烫伤(造成140℉以上的一级烧伤)，我们应该问一问设定多少度合适？什么会导致它发生？耗费过多的电来加热水吗？因为我们用电动机器间接使用水(咖啡机从化学工程的角度来说是一种浸出过程)，短时间的开发可能导致用户触电吗？我们看到接地故障中断器(GFLs)，通常是建筑规范(安全规则和程序)所要求的，这个中断器可以比任何人的动作都快切断电流供应，并且在大多数情况下防止电击或触电。随着课程的深入，我们会学到更多。

问题讨论

1. 您所在区域存在何种火灾、健康和环境隐患？是否有标准的审核流程？多久做一次？谁参加？这些信息是怎么处理的？信息被归档了还是带出来进行持续不断地审查？

2. 发生与火灾、安全、健康或环境有关的事故后做了什么样的评估？为什么正常保护程序不起作用？如果有程序，为什么他们没有遵循？纪律或训练需要做出改进？周围社区有什么变化吗？是否需要重新审视过去的做法？

3. 火三角的元素理解得透彻吗？假设没有火源存在是一种预防方法吗？如果氧气不够是主要的预防机制，如何检查？怎样规避它？需要有多少保护层？层数是怎么决定的？在成本/安全决策中需考虑哪些因素？

4. 扩展实验室过程中的所有问题和变量是否都得到考虑？下一个合适的级别是什么？经济风险和技术风险占多大比例？这个平衡怎样决定的？决策过程中涉及哪些因素？

5. 评估过程中所使用的是实际化学混合物的可燃性数据还是对单个数据进行数学平均？是否考虑了压力变化？你有实际数据吗？如果没有，你打算如何获得它？什么时候获取？

6. 是否正在处理敏感和反应性化学品？有合适的存储和隔离条件吗？如果

需要制冷，需要多少保护层是适当的，以确保不会到达不安全的温度？当地消防部门知道怎么处理吗？如果有人寻求帮助，他们知道该怎么办吗？他们知道如何使用这些材料吗？

复习题（答案见附录）

1. 处理化学药品的程序和防护设备要求，除了_____。

A. 运输标签上的到期日   B. MSDS 表信息

C. 可燃性和爆炸性潜力   D. 化学相互作用信息

2. 由于以下_____原因，启动和关闭是许多安全和损失事件的根源。

A. 时间压力   B. 意外的运行和/或维护条件

C. 缺乏处理异常情况的标准程序   D. 以上都是

3. "火三角"描述了发生火灾或者爆炸所需的要素，除了燃料和氧气，第三项必须出现的是_____？

A. 点火源   B. 闪电

C. 强烈噪音   D. 冲击波

4. 通常附在集装箱上的 NFPA "钻石"表示除了_____。

A. 易燃危险程度   B. 健康危害程度

C. 容器中化学品的名称   D. 反应性程度

5. 爆炸下限（LEL）和爆炸上限（UEL）告诉我们_____。

A. 某些条件下的可燃性范围   B. 在所有条件下的可燃性范围

C. 公司亏损容忍度的上下限

D. 泵打入容器的易燃材料量的上限和下限

6. 自燃温度是指_____。

A. 材料失去固有的特性   B. 材料自动爆炸

C. 一种物质在其爆炸范围内，可以在没有外界的点火源的情况下发生自燃

D. 火灾险费率自动上调

7. 毒理学不包括以下_____内容。

A. 急性和长期接触影响之间的差异

B. 重复剂量毒性

C. 最受关注的接触区域

D. 他们被要求到什么程度，花费多少

8. MSDS 表告诉我们_____。

A. 急救措施   B. 身体特征

C. 化学品名称和制造商或经销商   D. 以上各点

9. HAZOP 审查会询问所有这些类型的问题，除了_____。

A. 在设计条件之外运行的后果

B. 作出错误设计假设的工程师会怎样

C. 超过设计压力条件运行的安全影响

D. 排放非预期材料的环境影响

参考文献

Crowl, D. (2012) "Minimize the Risk of Flammable Materials" *Chemical Engineering Progress*, 4, pp. 28–33.

Fuller, B. (2009) "Managing Transportation Safety and Security Risks" *Chemical Engineering Progress*, 2, pp. 25–29.

Goddard, K. (2007) "Use LOPA to Determine Protective System Requirements" *Chemical Engineering Progress*, 2, pp. 47–51.

Grabinski, C. (2015) "Toxicology 101" *Chemical Engineering Progress*, 11, pp. 31–36.

Karthikeyan, B. (2015) "Moving Process Safety into the Board Room" *Chemical Engineering Progress*, 9, pp. 42–45.

Wahid, A. (2016) "Predicting Incidents with Process Safety Performance Indicators" *Chemical Engineering Progress*, 2, pp. 22–25.

Willey, R. (2012) "Decoding Safety Data Sheets" *Chemical Engineering Progress*, 6, pp. 28–31.

www.nfpa.org (accessed August 30, 2016).

www.nist.gov/fire/fire_behavior.cfm (accessed August 30, 2016).

https://www.osha.gov/Publications/OSHA3514.html (accessed August 30, 2016).

第 3 章　平衡的概念

本章将更详细地探讨这一总体概念，它是基础化学工程分析、思考和解决问题的基础。

3.1　质量平衡

假设我们对反应的基本原理和材料的物理性质有了适当的了解，我们就可以开始考虑制造感兴趣的材料的工艺设计。在设计和操作过程中，必须理解和考虑的两个基本概念：首先，质量守恒定律，换句话说，一个过程所产生的物质的质量一定是我们投入其中的物质再加上系统中积累的物质质量。化学工程进展与来自 AIChE 化学工艺安全中心的 Beacon 发布报告，报道了多起重大火灾事件和环境灾害问题。其中最重要的是 Flixborough 灾难，概括为一场化学灾难工程，见"Beacon"文章(9/2006，第 17 页)中的总结。仪器故障、防护层数不足、通讯不足都是造成重大环境和火灾的原因。我们在实际产品过程中使用的所有过程控制工具都是用来计算平衡的，但是仍然会有很多意外问题产生：

①一个动力学速率常数低的化学反应可能在反应过程中生成意想不到的化学物质。根据下游加工和预期产品的处理方式(蒸馏、过滤、结晶等)，这种材料慢慢累积到一定的量后可能会"渗出"系统，所以最终质量平衡将会结束，但在短期和中期范围内不会结束。

②意想不到的液体反应产物，有一定的沸点，会与下游的蒸馏分离系统互相作用，造成暂时的反应产物的堆积。

③未预期的反应产物在溶液中析出并积聚在工艺设备中，可能堵塞工艺管道。

下面举一个非常简单的物料平衡的例子来说明。煮沸盐溶液的质量平衡，增加盐浓度，如图 3.1 所示，假设我们有 100 磅 10%盐溶液进入蒸发器，我们想将其浓度提高到 50%，需要蒸发多少水？首先从进料流开始，总共有 100 镑含 10%的盐，所以 0.10×100 表示进料物流中含有 10 磅盐。那也是意味着原料中必须含有 100-10=90 磅的水。从蒸发器出来的浓缩产物中有多少盐？因为我们知道盐没有蒸汽压，也不会沸腾，所有的盐必须从蒸发器出来，也就是说还有 10 磅盐离开蒸发器。蒸发了多少水(x)？用简单的质量平衡可以计算。如果有 10 磅盐离开蒸发器(与输入的相同)，溶液的浓度是 20%，那么离开蒸发器的水量可以计算如下：

$$10 = 0.2y$$

式中，y 是溶液总量。

$y = 10/0.2 = 50$ 磅（总溶液）

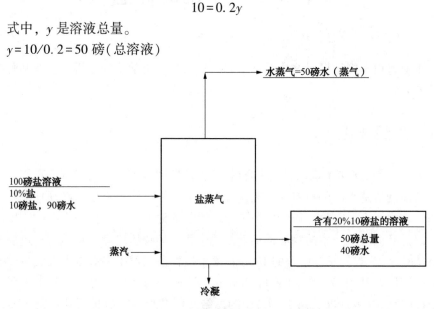

图 3.1　盐蒸发质量平衡

因为我们知道蒸发的溶液含有 10 磅盐，剩下的一定是水，因此离开蒸发器底部的水为 50-10=40 磅。蒸发了多少水？水的质量平衡说明这一定是 90-40=50 磅的水。计算结果如图 3.1 所示。如果我们测量这些变量中的一个或多个，而没有达到(接近)质量守恒，则表示可能存在以下问题：

①蒸汽供应不足以蒸发所需数量的水。

②进料盐溶液浓度低于设计值。

③产品离开蒸发器的速度没有达到预期。

④蒸发器蒸发出的盐溶液浓度不理想。

蒸发器操作人员仅仅根据质量平衡的简单概念就能排除严重的故障。使用一定数量的在线仪器，使这个过程变得容易起来，但运用简单质量平衡的概念("进来的最终会出来")可以集中分析、测量仪器的精度，进行校准。称重传感器、流量计和浓度测量计在确定准确的物料平衡的时候必须是精准的。

平衡的另一个重要方面是在哪里划定界限。例如一个系统，其中浆液(含有悬浮固体的液体)被泵送到沉降槽中，在那里固体沉降出来，沉降的固体与澄清的水同时排出(见图3.2)。如果我们对整个过程画一个方框，我们会希望随着时间的推移，进入水箱的泥浆量就等于水的量加上沉淀的浓缩固体的量。我们可以在图3.3所示的点处绘制该框。

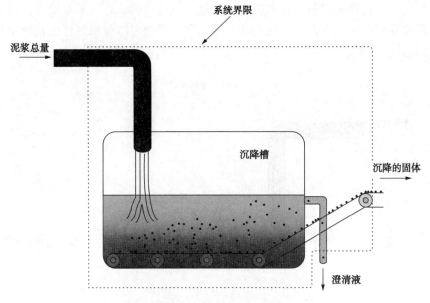

图 3.2　泥浆沉降浓缩工艺

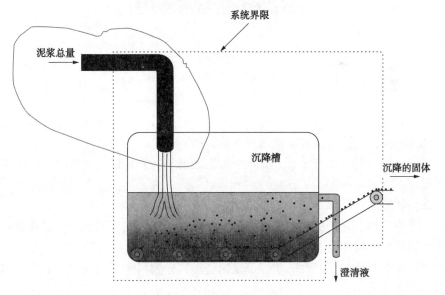

图 3.3　原料管的物料平衡

在这种情况下，进入进料管线的浆料量必须等于进入沉淀槽的量。如果没有，则管道有泄漏，或者有些泄漏其中有一半的固体积聚在管道中，如果留下，可能会堵塞管道。

我们也可以画出沉降槽周围质量平衡的系统边界本身，如图3.4所示。在这种情况下，测量输入浆料质量和罐中的质量，在最初启动时，不希望这种质量平衡随着水箱将在水溢出之前填充到某一预定水平可能固体堆积到可以从罐中提升出来的程度。

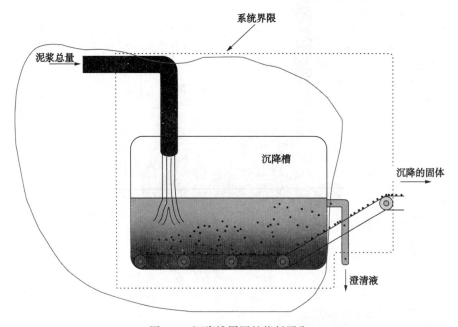

图3.4 沉降槽周围的物料平衡

系统总质量平衡如图3.5所示。经过一段时间后，罐内泥浆质量之和不等于离开储罐的固体和澄清水的质量之和，这说明：

①进入管道的系统有泄漏（在进入水箱之前），水箱本身或澄清水流出管道有泄漏。

②固体正在沉降槽中而未被移走。

③发生了预料之外的化学反应，产生了气体产品，气体通过通气管离开系统或在沉降槽内形成压力。

也许还有其他的可能性。这些都是制造过程中物料平衡的关键，通常被纳入控制和测量系统中。

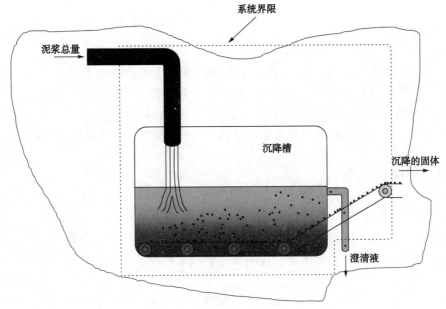

图 3.5　相对于时间和边界累积的物料平衡

3.2　能量平衡

这个概念同质量平衡是相同的，化学反应中产生或者吸收热量称为能量平衡：

输入的能量＝输出的能量＋产生的能量＋储存的能量

如果反应过程是吸热的，产生的能量可以是负的(吸热型等)。

在前一个盐水蒸发器的例子中，将水从溶液中煮沸就是引入蒸汽，让它"凝结"并给予盐溶液足够的能量值，使溶液沸腾。如果引入的蒸汽量小于这个量，溶液不会沸腾，只会变暖。当讨论这个图表的能量平衡时，还有一些必须考虑的事情：

①蒸汽的能量大小取决于它的压力。

②溶液能吸收多少热量取决于它的热容量，进而取决于它的盐浓度。

③沸腾温度受蒸发器内压力的影响。

④能量会流失到周围环境中。这将受绝缘类型、绝缘量以及容器与周围环境之间的温差的影响。

如果在这个过程中发生化学反应，它可以是放热(产生热量)或吸热(吸收热量)。计算在线能量平衡时，要考虑反应能量释放值以及温度、流量和热容量。如果这些数据不能"接近"或达到平衡，有多种可能性：

①流量不是预期的那样，不仅在绝对意义上，而且在比率或化学计量意义上

也如此。

②温度测量不正确。

③外部能量(加热或冷却)的输入没有在计划中。

④如果流量不正确，那么预计产生的热量释放会发生什么？

⑤缺乏对材料物理性质的了解，如流体流动、热传递率。

⑥对制冷、冷却水等配套公用工程系统的可靠性缺乏认识。

⑦缺乏对从搅拌器等内部工艺设备到系统的物理混合能量输入的考虑。

3.3 动量平衡

运动中的流体和气体所具有的能量也必须是守恒和平衡的，我们用动量这个词描述这个性质。例如，如果工艺阀门突然关闭，当再正常打开时，液体或者气体通过它流动，流动的液体所代表的能量会以某种方式消散，管道可能会爆裂。

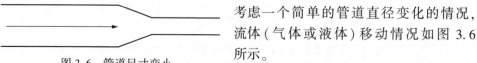

图 3.6　管道尺寸变小

考虑一个简单的管道直径变化的情况，流体(气体或液体)移动情况如图 3.6 所示。

由于流体流量的质量不随管径变化而变化，所以流体的速度必须增加才能保持相同的流速。实际上，质量×速度的乘积保持不变，动量平衡"闭合"。管径变化的比例越大，速度增幅就越大。如果扩大管道直径，情况就会相反，速度将随着直径变大而减慢。

如果以一定的流速将液体经泵打入系统，就会有一定的能量与这种流动相关。在管道和阀门之间会有压力降，当从初始输入的"动量"中减去这段损失时，应该等于流体的出口压力。如果没有，那是什么原因造成的呢？①流量测量不正确；②压力测量不正确；③管道漏水。

这些概念的一些细节，如流体流动、传热、蒸发将在后面更详细地讨论，这些关于平衡的基本概念对于任何化学工程分析都是必不可少的。与这些概念相关的课程通常是化学专业的第一门课。

在任何情况下，必须遵循物质、能量和动量守恒定律。无论我们正在讨论的是化学工程的哪个方面的单元操作。

动量(流体能量)和能量平衡也必须根据时间和范围定义，如我们在质量平衡概念中详细讨论的那样。

3.4 结语

所有设备和过程的质量、动量和能量的完全平衡都是已知的、了解的和不断计算并更新的。在这个过程中，必须考虑物理性质变化的影响。它们必须与适当的报警和安全系统连接在一起。同样重要的是，操作人员必须接受相关过程的充分教育，以便能够观察和应对不平衡的情况。

咖啡酿造：平衡

　　平衡的概念在这里是如何应用的？你有没有把咖啡冲泡器中的储水器灌得太满？咖啡杯满了吗？进去的最终一定会出来。大多数咖啡机都有热盘子，上面有放着玻璃瓶。这种能量流到哪里去了？首先，它提供足够的热量"平衡"从玻璃瓶到周围环境的热量损失。输入的能量通常大于这个量，导致水中咖啡溶液蒸发。如果我们能收集到蒸发的水，测量玻璃瓶的热量损失，我们会发现它等于提供给热板的能量。你有没有在机器里放一个额外的过滤器来确保杯子里没有咖啡渣？你可能记得有几次水还没到玻璃杯边缘就溢出来了。水滴落到过滤器中的动量是守恒的，并且，当过滤器提供太多背压时，其动量主要是由溢出的液体所维持。

问题讨论

　　1. 你的每一个单元操作的质量和能量守恒吗？能被在线测量么？什么物理性质会影响这些计算？它们是已知的还是被测量的？还是只是估计？这些属性如何"关闭"？会有什么问题吗？会产生什么样的问题？

　　2. 流体和气体能量的各个方面都被考虑了吗？如果流量增加或者减少会发生什么？可能会对物理性质产生什么影响？

　　3. 储存罐是否得到适当监控？流入和流出流量是否连续测量？达到平衡了吗？如果没有接近平衡会有什么反应？

　　4. 过程控制和仪器如何计算质量、能量、动量平衡呢？差异是如何产生的？如何处理？差异出现时有参数报警么？

　　5. 当你的工厂在过程中发生变化时，这些平衡的概念是怎么被使用的？如何使用它们？它们是否充分包括在其他审查程序中？

　　6. 如果平衡计算中存在重大差异(手动或通过仪器)，可能的环境后果是什么？它们受到监控了吗？

复习题(答案见附录)

　　1. 化学工程中的平衡概念是指_____。

A. 质量是守恒的　　　　　　　　B. 能量是守恒的

C. 流体动量守恒　　　　　　　　D. 以上各点

2. 如果一个储罐或者容器没有质量平衡，而仪器测量读数准确，那么可能的原因是_____。

A. 反应器或储罐正在泄漏

B. 离开储罐的物料的阀门或泵设置不正确

C. 进入储罐的物料的阀门或泵设置不正确

D. 上述所有

3. 如果反应容器周围的能量平衡显示出系统能量大于应该形成或释放的能量(仪器读数为正确)，可能的原因是_____。

A. 材料的物理性能发生了变化

B. 正在发生的化学反应(及其相关的热效应)

C. 没有人看时，夜班加了绝缘材料

D. 一种材料正在管道里堆积

4. 如果管道压力突然下降，可能是因为_____。

A. 阀门已经关闭，不允许流体流出

B. 阀门已经打开，允许流体流出

C. 管道已经静止

D. 一个下游工艺突然改变目标产品

5. 确保准确测量压力、流量和质量流量的关键是要保证_____。

A. 知道当天生产的产品要向顾客收取多少费用

B. 知道什么时候订购替换零件

C. 知道如何检查供应商的账单

D. 了解工艺条件的意外变化情况

参考文献

Hatfield, A. (2008) "Analyzing Equilibrium When Non-condensables Are Present" *Chemical Engineering Progress*, 4, pp. 42–50.

Ku, Y. and Hung, S. (2014) "Manage Raw Material Supply Risks" *Chemical Engineering Progress*, 9, pp. 28–35.

Nolen, S. (2016) "Leveraging Energy Management for Water Conservation" *Chemical Engineering Progress*, 4, pp. 41–47.

Richardson, K. (2016) "Predicting High Temperature Hydrogen Attack" *Chemical Engineering Progress*, 1, p. 25.

Theising, T. (2016) "Preparing for a Successful Energy Assessment" *Chemical Engineering Progress*, 4, pp. 44–49.

第4章 化学计量学，热力学，动力学，平衡和反应工程

本章将讨论放大一个化学反应和化学工程与化学相结合时的一些实际方面的课题。

4.1 化学计量学和热力学

首先是化学计量的一般课题。这是个词来源于希腊文，是指在化学反应中相互作用的化学物质比率和数量。这里我们必须介绍一些基础化学概念。每种化学物质都有不同的分子结构、大小和质量，这是由其分子量决定的。20世纪初，一位杰出的俄罗斯化学家门捷列夫根据它们的原子数、原子量以及化学活性等性质排列已知的化学元素。通过增加分子中的质子数和平衡电荷的相应电子数就可以确定它的原子序数。例如，表中的碳（C）原子序数为6，原子量为12。该表被归类为具有相似化学行为的元素排列。例如锂（Li）等"活性"金属与钠（Na）和钾（K）在同一列中。卤素氟（F）、氯（Cl）和溴（Br）也组合在一起。"惰性"气体，如氦（He）、氖（Ne）、氩（Ar）和氪（Kr）也分组在一起。一些气态分子如氮、氧、氯和溴在正常条件下以双原子分子（N_2、O_2、Cl_2 和 Br_2）存在，在这种情况下，分子量将是原子量的2倍。例如，氮的原子量是 $2×14$（原子量）或28，氯为71或 $2×35.5$。这些重要的区别是化学反应由分子量决定而不是它们的原子量。在某些情况下，它们是相同的，但在有些情况下，它们又是不同的。化学物质的量（mol）等于它的分子量。例如 1mol 双原子氯（Cl_2）为71g，1mol 双原子氢（H_2）为2g，1mol 二原子氮（N_2）是28g，如果我们在英国工作的话，也可以表达成磅摩尔数。摩尔是一个要深刻理解的关键概念，化学反应通常按照摩尔量进行，而不是质量。质量是次要的，而不是主要的。单原子可以生成双原子分子，但是只有在极端和不寻常的条件下才可以（表4.1）。

另一个非常基本的概念是，当编写化学反应方程式时，方程式两边的分子量必须"平衡"。以碳在空气中燃烧为例，如下式所示：

$$C+O_2 \rightarrow CO_2$$

表4.1　元素周期表

Group → ↓ Period	1	2	3	4	5	6	7	8	9	10	11	12	13	14	15	16	17	18
1	1 H																	2 He
2	3 Li	4 Be											5 B	6 C	7 N	8 O	9 F	10 Ne
3	11 Na	12 Mg											13 Al	14 Si	15 P	16 S	17 Cl	18 Ar
4	19 K	20 Ca	21 Sc	22 Ti	23 V	24 Cr	25 Mn	26 Fe	27 Co	28 Ni	29 Cu	30 Zn	31 Ga	32 Ge	33 As	34 Se	35 Br	36 Kr
5	37 Rb	38 Sr	39 Y	40 Zr	41 Nb	42 Mo	43 Tc	44 Ru	45 Rh	46 Pd	47 Ag	48 Cd	49 In	50 Sn	51 Sb	52 Te	53 I	54 Xe
6	55 Cs	56 Ba	71 Lu	72 Hf	73 Ta	74 W	75 Re	76 Os	77 Ir	78 Pt	79 Au	80 Hg	81 Tl	82 Pb	83 Bi	84 Po	85 At	86 Rn
7	87 Fr	88 Ra	103 Lr	104 Rf	105 Db	106 Sg	107 Bh	108 Hs	109 Mt	110 Ds	111 Rg	112 Cn	113 Uut	114 Fl	115 Uup	116 Lv	117 Uus	118 Uuo

57 La	58 Ce	59 Pr	60 Nd	61 Pm	62 Sm	63 Eu	64 Gd	65 Tb	66 Dy	67 Ho	68 Er	69 Tm	70 Yb
89 Ac	90 Th	91 Pa	92 U	93 Np	94 Pu	95 Am	96 Cm	97 Bk	98 Cf	99 Es	100 Fm	101 Md	102 No

来源：维基百科。

方程式两边各有一个碳和两个氧分子，所以等式"平衡"。如果考虑原子或分子的分子量，这也是平衡的。

$$C+O_2 \rightarrow CO_2$$
$$(12)+(32) \rightarrow (44)$$

平衡方程并不意味着所描述的化学反应将会发生。例如，如果你把一块木炭（几乎全是碳 C）暴露在空气中（$21\%O_2$），它会燃烧并产生二氧化碳吗？不——它需要"火花"或某种形式的引发。

另一个例子是，许多家庭用天然气（主要是甲烷 CH_4）取暖。我们可以把这个反应简化成：

$$CH_4+2O_2 \rightarrow CO_2+2H_2O$$

该反应是放热的，或者说"产生热量"，通过炉子的空气被加热，然后通过管道流动到暖气系统并加热房屋。这个化学方程式是平衡的，碳、氢和氧原子在两侧的数量是相同的，所以从质量角度来看它是平衡的。但是天然气会自燃吗？不，你的炉子或是使用天然气作为燃料的燃气热水器有一个指示灯启动这个反应，一旦启动，反应就会继续。我们将在下一节开始讨论引发反应的概念。

还有一点很重要，仅仅一个平衡方程并不意味着反应会发生。它只是说如果反应发生了，这是一个可能的结果。例如，我们知道天然气燃烧是可能的，燃烧产生一氧化碳（一种无味有毒气体）。

$$2CH_4+3O_2 \rightarrow 2CO+4H_2O$$

注意，在这个方程式中，氧与甲烷的比率（3/2）比上一个方程式中的（2/1）要小。氧气越少，产生一氧化碳的可能性越大，这就是为什么任何家用天然气加热器总是要消耗比它需要的更多的氧气（空气）。这会浪费一些能量，但为房主提供了安全保证。任何平衡的化学方程式本身并不能告诉我们可能发生什么其他的化学反应。

有许多放热反应需要一个初始启动的能量来源，之后它们将自我维持。能量的技术术语是焓，通常用字母 H 或 ΔH 表示，这在许多图表中可以看到，如图 4.1 所示。反应物和生成物之间的差异是反应中释放的总能量（当系统的焓或能量下降时，这表示能量已经释放，发生了放热反应）。

"焓"是用来描述物质能量大小的热力学术语。当焓降低时，能量降低由通过能量释放来补偿（进来的必须出去）。这种释放的能量在图 4.1 中显示为"释放的净能量"。引发反应所需的活化能也显示在图中。这相当于燃烧过程中由火花塞提供的能量或与燃烧过程相匹配的能量。

如果反应是高度放热的并且不需要起始的引发能量，那么它很有可能本质上

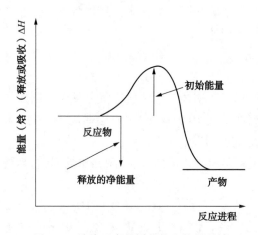

图 4.1 放热反应的活化能和能量释放

是不稳定的。例如，过氧化物或爆炸物，它们通常储存在冷藏条件下以防止分解，几乎不需要或只需要很小的起始能量。

让我们来看一下应用于化学反应的热力学基本概念。如前所述，热力学涉及化学反应系统的能量状态和能量消耗或输入。元素周期表中的每个元素都被赋予一个净能值 0，反映了它的自然状态。如果我们想改变一个元素的形态，或者让它与其他元素反应，这就需要改变能量来远离平衡状态（元素的自然状态）。例如，周期表中，煤（主要是碳 C）的净能为零。如果用空气（氧气）使它燃烧，会产生二氧化碳（CO_2），这种反应的净能量是多少？我们知道能量是在这个反应中释放出来的，但是有多少呢？大多数化合物的"生成热"（ΔH_f）已经被预先测量过，并且可以在许多参考文献或网络上查阅到。反应释放的净能量是化学反应右侧分子中所含的净能量减去左侧分子中所含的净能量。在这种简单的情况下，由于碳和氧是天然元素，它们的热力学热值（在它们作为气体的自然状态下）为 0。我们可以查到 CO_2 的生成热为–394kJ/mol。热力学上用负号表示放热，而正号表示需要能量输入，所以碳的燃烧是一个巨大的能量净发生器。这个数字是负数也表明 CO_2 比碳和氧本身更稳定，所以如果有办法使这种反应发生，它是首选的。然而，在许多情况下，当净能量释放到更优化的状态时，反应不会自动发生，通常需要输入能量来引发反应，如利用指示灯、火花塞或火柴引发。一旦反应开始，就有持续的能量释放，只要保持材料供应，就会维持反应。如果在化学反应中有能量的净释放，称为放热反应。另一方面，如果原料和产品之间的净能量计算是正的（意味着需要恒定的能量输入来维持反应），则称为吸热反应。在计算成本和经济性时，必须考虑吸热反应消耗的能量。放热反应的能量输出有可能在工艺或化学复合物中的其他地方重复使用。然而，放热反应在本质上不如吸热反应安全，因为它们能产生足够的能量来维持自身反应。如果这种能量小于反应系统的排热能力，化学反应就会失控。反应性化学品的概念将在第 9 章中进一步讨论。

在计算反应热时，很重要的一点是确保生成热(ΔH_f)是用于化合物的，它们在这个过程中将会用到。例如，如果水(H_2O)是反应物或反应产物，重要的是确定水是固体、液体还是蒸汽形式，因为水和蒸汽(水蒸气)的生成热是不同的，将液态水煮沸腾并将其转化为气体所需的能量(44kJ/mol)有显著不同。水的冻结或融化也有与之相关的能量变化。

在本单元中，二氧化碳反应的释放能量为-394kJ/mol，也可以用 BTUs、cal、kcal 或其他单位形式来表示。在当今全球的单位制(英国、公制、SI)中，使用单位方面必须保持一致。任何选择都没有对错，但在化学反应性和过程控制方面必须有一致的结果。对于跨国公司来说，这一点尤其重要，因为跨国公司的计算、绘图和备忘录可能在许多不同的国家生成。这一点适用于今后将要讨论的所有主题，因为每一个化学工程单元的操作都将以物理单位的形式表达，这些物理单位可以用多种方式。如果一个跨国组织中一部分以英制为单位进行思考和工作，而另一部分以米制或 SI 单位制为单位进行工作和交流，就会导致严重的安全和设计后果。

4.2 动力学、平衡与反应工程

让我们先回顾一下平衡的概念。任何化学反应，即使具有大量的负能量输出，也不一定完成，这意味着所有反应物都转化成所有需要的产物。当一个化学反应体系达到平衡时，它看起来可能是停滞的，但实际上正向和反向反应是以相同的速度进行的。任何化学反应系统发生这种情况都将受到温度、反应物比例以及气体压力的影响。对于吸热(热消耗)反应，随着反应温度的升高，平衡几乎总是进一步向右移动(即更多的转化)。如果温度升高，产品也可能开始分解生成其他产物，这通常是不希望发生的。对于放热(热释放)反应，反应达到平衡时，系统会达到一个有利于反应物生成的温度。当气体参与反应时，压力的影响将在后面讨论。

描述化学反应的另一对术语是可逆和不可逆。可逆反应是处于平衡状态的反应，可以通过改变工艺条件如温度或压力使平衡发生逆转。气体反应即是这种类型。不可逆反应是指不能逆转的反应，通常情况下，液-液反应产生气体，气体逃逸并且不能被再捕获或回收，或者这样的反应产生固体，该固体从溶液中沉淀出来并且在没有显著改变工艺条件的情况下不能再溶解。

18 世纪，法国化学家勒·查提列对化学反应进行了重要研究，发现化学反应和改变朝着压力减小的方向进行。例如，如果提高了化学反应方程式左侧的反应物的量，在所有其他条件相同的情况下，系统将通过将反应进一步移向右侧（产物）来尝试把这种变化的影响"最小化"。如果在反应方程式的右侧添加额外的生成物，情况也是如此，为了保持平衡，反应会向左移动。这一概念在实际的化学工程上非常有用，因为它提供了进一步推动反应完成以提高转化率和产率的选择，并使我们对反应体系如何定性地响应化学计量、压力和温度的变化有了基本的理解。

能够说明所有这些特点的工业实例是硫酸（H_2SO_4）的制造。目前该反应工艺的第一步是硫的燃烧（通常是从地下矿床开采中产生的，或者可能从另一工艺中回收）。这个放热反应的方程式如下（产生 297 kJ/mol 热量）——注意，能量前面的负号表示释放能量，即放热反应）：

$$S+O_2 \rightarrow SO_2 \quad \Delta H = -297kJ/mol$$

如前所述，这是一个高度放热的反应，但仍然需要"火花"点燃硫。硫本身不会燃烧。但是，一旦点燃，硫将持续燃烧（产生 SO_2 并释放能量），直到空气或硫被抽出或消耗。

该过程的第二步是通过以下反应将 SO_2 转化为 SO_3（三氧化硫），也是放热反应（但比第一步反应热少）。

$$SO_2+1/2O_2 = SO_3 \quad \Delta H = -197kJ/mol$$

这一反应需要催化剂，典型催化剂是五氧化二钒（V_2O_5），并且反应是多相（两个不同的相）催化反应。SO_2 气体通过催化剂颗粒，类似于汽车尾气催化转化器中发生的情况。在该反应中，与许多其他放热反应一样，SO_3 的产率随着温度的升高而降低。为了实现 SO_2 到 SO_3 的完全转化，必须降低温度。在实际过程中，这是分阶段进行的，伴随着冷却水的使用，最终实现接近 100% 的转换率。这就不可避免地减少了在此过程中热量的重复利用量，这是许多放热化学反应中的一个典型矛盾。

最后，SO_3 被反应并吸收到水中，在另一放热反应中生成硫酸（H_2SO_4）：

$$SO_3+H_2O \rightarrow H_2SO_4 \quad \Delta H = -130kJ/mol$$

实际上，SO_3 被吸收（更多关于吸收的单元操作）到已经产生的浓硫酸中，生成的产物在工业中被称为"发烟硫酸"或"100% 硫酸"，然后再将其稀释到期望的浓度。任何未被吸收/反应的 SO_3 必须再循环到先前的反应步骤中。该反应的简单框图如图 4.2 所示。

由于前面讨论的平衡限制，转换器单元操作比其他步骤复杂得多。为了达到 97% 以上的转化率，反应气体在一系列的阶段冷却，以向右推进平衡。这浪费了

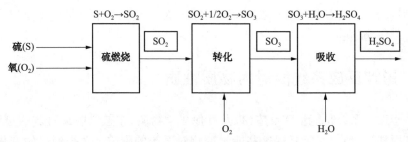

图 4.2　接触法生产硫酸示意图

一些放热反应能量，但这是实现 SO_2 100% 转化为 SO_3 的唯一途径。最后一个过程阶段的详细示意如图 4.3 所示。在转化炉入口，进入炉子的 SO_2 与来自转化器步骤的最终出口气体一起预热，最终将进炉气体温度升高到约 460℃。随着最终反应开始发生，热量被进一步释放，但是由于达到化学反应平衡，开始限制继续转化。为了克服这一点，反应气体被冷却，使反应平衡向右移动。这是通过一系列反应阶段完成的，工艺设计试图尽可能多地回收反应产生的热量，这是传统的化学工程在动力学和热力学之间的折中体现。

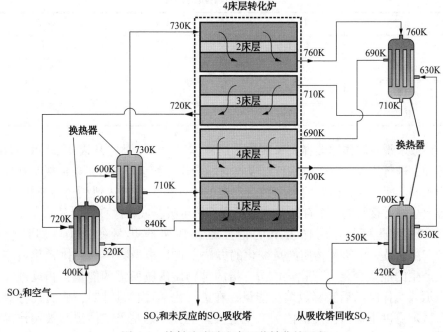

图 4.3　接触法硫酸生产工艺转化炉工段

上面所讨论的所有这些内容都可以归入化学和反应热力学。它们帮助我们了解反应过程中释放或消耗了多少能量，哪些反应是最受欢迎的，是如何增强一个反应体系，同时最大限度地减少原材料和能源消耗。这些性质中大部分是在实验室中测量的，或者是从可靠的文献资源中获得的，是化学工程师优化全规模化学工艺过程所必须的。

4.3 影响反应系统能量的物质性质

由于反应系统是能量在反应(以及其他化学物质)中被吸收或释放的过程(如泵送和搅拌)，所以必须延迟这些能量变化对系统的影响。系统温度的变化主要由它固有的吸热能力决定。决定物质吸收和容纳热量能力的物理性质是它的热容，它有能量单位/质量单位/时间单位，常用 C_p 表示，表示为 BTU/℉ 或 cal/(g·℃)。水作为标准物质，在室温下的热容为 1BTU/℉，随着温度而略有变化，但并不显著。热容较高的物质在没有较大的升温时会吸热，反之热容较低的物质在相同的热输入条件下会出现较大的升温。当我们考虑放热反应以及如何控制产生的热量时，这一点很重要。

一些常见物质 25℃时热容见表 4.2。

表 4.2 常见物质的热容

物质	热容	物质	热容
水	1.0	氮气	7.0
酒精	0.6	甲烷	8.4
石墨	2.1	盐(NaCl)	12.2
氧气	7.0		

一般来说，固体的热容大于液体，而液体又大于气体。从表 4.2 可以看出，乙醇和水进行比较，每单位水可以吸收的能量比乙醇多 2/3。如果在热交换器中使用水和乙醇，那么需要的水大约是乙醇的 1.5 倍，才能达到相同的换热效果。热容大小将直接影响一个存储系统或反应系统可吸收或释放多少能量。

一种物质的另外同样重要的特性是物质吸收热量的能力，即熔化热(ΔH_f)，这是一个衡量物质能量变化的方法。它是指当物质的固体融化或冻结时，产生的能量变化。汽化热(ΔH_v)指的是物质沸腾所需的能量，相反地，它也表示该气体凝结后会释放多少能量。在进行化学过程设计时，此属性会对系统在恒定温度下保持温度的能力产生重大影响，特别是当液体沸腾被用作温度控制时。

物质的另一个特性是导热系数 k，通常用能量单位/时间单位/ΔT 或 BTU/(h·℉)或 cal/(s·℃)表示。与测量物质吸热能力的热容相反，导热导数是测量室温条件下热量在物质中的移动速度。我们最常想到的与此相关的性质是评估房子里要安装多少隔热材料来防止热量损失，或者在化学工业中，热管道、反应堆容器或建筑物周围安装多少隔热层。在化学过程中，导热系数 k 会影响供给反应容器加热或冷却的速率，以及绝缘设备或管道的成本。各物质的导热系数见表4.3。

表4.3 物质的导热系数

物质	导热系数/[BTU/(h·℉)]	物质	导热系数/[BTU/(h·℉)]
己烷	0.08	甲烷	0.18~0.22
水	0.34~0.38	空气	0.014~0.018
金属钠	45~50	氩	0.01
氢	0.1~0.12	一氧化碳	0.025

金属钠的高导热系数是它在紧急情况下被用作商用核电站反应堆的散热器的主要原因。氩对空气的导热系数比达40%以上，这就是为什么在是极端的北方气候条件下，使用氩填充玻璃窗，以尽量减少冬季的热量损失。

4.4 反应动力学和反应速率

上文讨论了化学反应的各个方面，从它的净能量释放到其最终平衡。但是一个反应多久才能达到反应的终点达到反应平衡，是由反应的动力学速率常数决定的，通常用 k 表示。它的单位通常是 mol/s 或 mol/h，用于慢速反应。快速反应速率的一个例子是碳(以木材形式)在森林大火中的燃烧，它不是像与铁氧化生锈那样的缓慢反应：

$$2Fe+3O_2 \rightarrow 2Fe_2O_3$$

两者都是有害的，都是氧化反应，但其中一个反应发生的速度比另一个要快得多。

非常慢的反应速率，包括非常慢的降解或物质在储存中的分解，可能不太明显。警惕这种反应的迹象很重要，例如，反应可能采取物理形式，管道外部鼓包或腐蚀沉积物。这会导致忽略储存的原材料或库存和运输中的产品的到期日。

如果发生多种反应，每种反应都有自己的动力学速率常数，并且如果反应系统中发生的化学反应原料和产品中有重叠，每一个反应的速率都会影响其他反应速率。例如，考虑氮氧化物的化学性质。硝酸生产的第一步是氨的氧化：

$$4NH_3+5O_2 \rightarrow 4NO+6H_2O$$

生成的 NO 进一步氧化成二氧化氮(NO_2)：

$$2NO+O_2 \rightarrow 2NO_2$$

然后二氧化氮（NO_2）反应并吸收到水中，生成硝酸（HNO_3）：

$$3NO_2+H_2O \rightarrow 2HNO_3+NO$$

由于最后一步的反应除了所需的产物之外还产生了 NO，所以我们要找到一种方法把它循环到第二步反应中，第二步反应使用 NO 作为原料，动力学速率常数随温度呈对数变化，即随温度呈指数增长。对于几乎所有的反应，动力学速率常数作为温度的函数，我们将得到类似于图 4.4 的曲线。

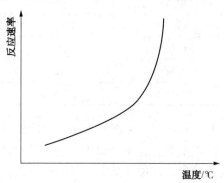

图 4.4　反应速率随温度的上升而增长

如果我们把它画成一个半对数图，用动力学的对数速率常数与绝对温度的倒数作图，我们将得到类似于图 4.5 的直线。

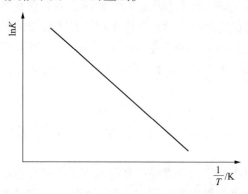

图 4.5　反应速率与温度的关系（半对数图）

这条直线的斜率代表反应的活化能（多少能量引发反应？需要时间吗）。斜率越大，活化能越高，意味着它将需要更大的引发反应的能量。对于放热反应，一旦启动，反应将在没有进一步能量输入的情况下继续进行。对于许多系统来说，这条线的斜率代表温度每升高 10℃ 反应速率加倍。斜率越大，反应速率变化越敏感。斜率越低，灵敏度越低，引发反应所需的能量越少。

当化学式很简单时，化学计量和反应速度之间的关系清晰，我们可以看到对反应的描述"0"、"一"或"二"级，指反应速率对反应物浓度的响应，而不是温度，但温度仍然是主导因素。

例如，反应A+B→C，产生单一产物C，反应速率k与A的浓度成正比，我们可以说，相对于A，反应是关于B的一级反应，以及总体的二级反应。如果反应是与A的浓度成正比，但与B及B的二次方(B^2)的浓度成正比，我们可以说反应速度是A的一级反应速率、B的二级反应速率以及所有的三级反应速率。有些反应是0级的，也就是说它们的反应速率只对温度变化敏感，对反应物的浓度没反应。一个典型的例子是碳酸(H_2CO_3)分解成二氧化碳和水的过程(如汽水中二氧化碳的跑损，当它被放在冰箱里面太久时，会失去它的气泡)：

$$H_2CO_3 \rightarrow CO_2 + H_2O$$

对于这些基本的反应类型，图形是一条直线：

0级：浓度与时间(t)；

一级：浓度与$1/t$；

二级：$1/$浓度对t。

在定性图中，根据这些不同的速率定律分解的A组分浓度的变化如图4.6所示。

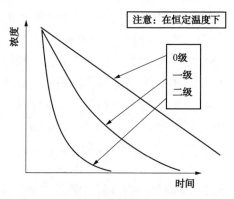

图4.6　反应物浓度与时间作为反应级数的函数

初始反应物浓度的下降越剧烈，反应的级数越高，反应速率常数越大。反应表达式如下：

$$r = kA^a B^b$$

a和b的和是反应级数，它们可以是数学图形或平方根。该公式没有描述分子的相互作用，只是最终结果的经验表示。

化学工业中有一些标准术语用于描述我们讨论过的一些概念，但其中一些术语相互混淆，经常可以互换使用。以下是建议您使用的概念：

①转化率。有多少初始的原料被送入反应器发生了反应(不一定生成必须的

产品）。

②收率。反应后的原料有多少被转化成所需产品。

③选择性。生产的所需产品除以所有产品的比率。

高转化率、高收率和高选择性一直是我们追求的目标，除非我们不希望得到理想的产品分布。

我们还可以看到其他术语，如"可逆的"和"不可逆的"。在气体-气体反应的情况下，简单地改变温度或压力可以逆转反应，因为没有任何东西被压缩或者去除。不可逆反应是其中一种产物发生了相变（汽化、沉淀、冷凝）。总之，热力学决定了反应的可能性以及在什么条件下反应，动力学决定了它发生的速度。

4.5　催化剂

催化剂的作用如下：

①允许化学反应在一般条件下发生，促进在一般条件下完全不发生的反应的进行。例如，汽油中未燃烧的碳氢化合物指标需要降低，以满足当前 EPA 排放标准。这些未燃烧的碳氢化合物可以通过使用某种后助喷燃烧器来消除，但这会增加成本，并导致排气系统的复杂性。目前安装在汽车上的催化转换器提供了一种含有铂的"激活"表面催化剂，在排气流中的碳氢化合物和氧气可以在该表面上以及在当时的温度下发生反应。独特的催化表面为未燃烧的碳氢化合物提供了与空气中的氧气反应产生二氧化碳和水的反应的途径。最终结果与任何其他碳氢化合物氧化成二氧化碳和水的过程相同，但反应温度较低。

另一个例子是氮气（N_2）和氢气（H_2）生成氨的反应：

$$N_2+3H_2\rightarrow 2NH_3$$

该反应在室温和大气压下不能进行，但使用铁基催化剂在高压下可以进行反应（>1000psig），氨转化率可达 15%~20%。这种催化剂的发现间接地养活世界上很大一部分人，于 1919 年获得诺贝尔奖。在这种情况下，催化剂的作用是降低"活化能"（或者更准确地说，提供更低的能量路径）以允许化学反应继续进行，如图 4.1 所示。

②改变反应速度。催化剂可以显著改变反应速率而不改变反应结果。如果在室温下将氢（H_2）和溴（Br_2）混合在一起，什么也不会发生。但是，如果在 300 K的温度下将这些气体通过铂金属催化剂，反应速度将提高许多个数量级。请注意，反应的最终产物没有变化，只有速率发生改变。

③改变反应器的选择性，有利于生成起反应另一种产品。典型例子就是环氧乙烷与氨反应生成乙醇胺的反应。这些化合物在从酸性天然气中吸收二氧化碳

（CO_2）和硫化氢(H_2S)以产生"甜"气体方面非常有效，然后将其放入天然气管道分配系统中。用于制造这些胺的化学反应如图4.7所示。

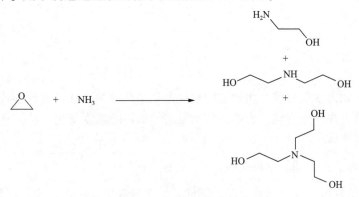

图4.7　环氧乙烷和氨生成乙醇胺的反应

每个反应都有不同的反应速率常数，使用催化剂可提高反应的效率，可以根据客户和业务需求改变产品分布。

催化剂一般不改变反应结果，它们只是通过为化学反应提供不同的途径来改变过程运行的条件。当有多种反应可能发生时，催化剂可以改变一种反应对另一种反应的有利程度。

催化剂分为两大类：均相和非均相。均相是指溶解在反应溶液中的催化剂。其中最常见的是有机金属化合物。它们用于制造诸如乙酸和乙酸酐之类的材料以及一些聚合工艺过程中。它们通常非常敏感，并且会由于水的作用而失活。

非均相催化剂是与主反应物处于分离相的催化剂。如汽车中的催化转化器就是利用这样一种催化剂，当废气流过涂覆在陶瓷基底上的铂金属时发生反应。许多气相聚合方法使用非均相催化剂，这种催化剂也可以是悬浮在液-液或气-液反应中的固体。

催化剂不会永远保持最初的性能，它们会被某些污染物污染。中毒是指一种化学反应，它使催化剂失去活性，或者以某种方式使反应物无法接近催化剂表面。固体催化剂在其结构内的晶界处也存在物理降解。汽车中的铂催化剂将未燃烧的碳氢化合物转化为二氧化碳和水，铂会被铅(Pb)毒害，这也是在汽车中使用无铅汽油的原因之一。炼油厂的第一个主要任务是将其主要原料催化裂化成更轻、更有价值的产品，这种催化剂虽然不是不可逆的，但会被碳污染，需要定期关闭和再生，燃烧掉碳；硫也是许多烃反应的污染物，因此在下游处理之前，必须去除高硫油中的硫或天然气中的硫化氢。

化学反应的物理性质可以显著影响反应的平衡。这些类型的反应通常是不可逆的：

①两种(或多种)液体或气液反应，产生的固体在溶液中沉淀析出。

②氧化反应，即燃烧，例如燃料燃烧。当相位没有变化时，应考虑会发生可逆性。

4.6 结语

化学、动力学和物理性质的基础是决定化学反应系统许多设计参数的关键因素。很容易忽视性能变化的影响，特别是它们如何随温度变化，这尤其适用于反应速率和气体体积。

咖啡酿造：与动力学相关吗？

我们从材料、反应和化学动力学的角度来研究咖啡酿造过程。正如上文所讨论的，反应速率通常是温度的强相关函数。我们都知道，"新鲜"咖啡的味道比"老"或"不新鲜"的咖啡好，可能长时间放在热板上的原因。这是为什么呢？咖啡和任何其他食品一样都是化学物质的混合物。我们喝咖啡既是因为它的味道，也是因为它能让我们保持清醒。它是怎么做到的？咖啡含有咖啡因，它是一种化学物质，是人体兴奋剂。但是放在热板上几个小时后咖啡的味道如何？是一样的吗？除非有人非常渴望咖啡因，否则答案是否定的。放久的咖啡中一些成分被化学降解成被称为醛和酮的化合物。咖啡在热板上停留的时间越长，这种化学降解的程度就越大。因为大多数人对冷咖啡不感兴趣，所以热板的温度不会降低，化学降解继续，降解(化学反应!)随温度快速增加。当放在热板上的咖啡蒸发时，降解物质的浓度增加，由于浓度增加，化学降解速度也加快。

哪些方法可以最大限度地减少此问题？有些咖啡罐基本上是高度绝缘的真空容器，不放在热板上，降解反应还会发生吗？是的，但是由于缺乏蒸发，降解溶液的浓度被最小化，降解(化学反应)与浓度成正比。现在发明有单独的咖啡冲泡系统，一次只能冲泡一杯，没有任何味道或质量下降。由于这些机器冲泡咖啡的速度很快，因此，比起立即倒一杯味道要差得多的新咖啡，等待机器冲泡一杯新鲜咖啡的不便可以忍受。

当你买咖啡的时候，你买什么样的(不是品牌的)咖啡？速溶的？研磨的？咖啡豆？在商店里买研磨咖啡？储存在家里然后研磨？储存在哪里？冰柜？冰箱？普通的柜子？从化学动力学的角度来看，它们之间有什么不同？为什么味道不同？

家庭中的咖啡酿造是否是可逆或不可逆的过程？虽然酿造的第一步不是化学反应(这是浸出过程，稍后讨论)，这个过程是可逆的吗？换句话说，如果咖啡的味道不是我们喜欢的，我们可以很容易地逆转这个过程，重新开始？我们将不得不蒸发咖啡、过滤咖啡粉等，基本上是生产一种可回收的速溶咖啡！

当我们决定煮一杯咖啡时，我们心中有一个"配方"(即"斯多葛学派")。我们可能喜欢味道淡或浓的咖啡。任何原料(咖啡、水、添加剂)中未预料到的杂质都会导致健康问题。我们可能会关心增加的味道或咖啡因含量。在家庭酿造系统中，我们都会选择咖啡供应量大小，倾倒在过滤器或滤网中的固定量的咖啡，取决于用水量和输送的温度。所有这些单独的选择都会影响我们正在运行的"过程"(冲泡咖啡)的结果，就像在真正的化学过程中一样。酿造过程中使用的水可以有多种来源，包括自来水(其质量和杂质在世界各地不同)、商店购买的"泉水"(什么泉水)、蒸馏水或通过水龙头附件去除"杂质"的水。这些原材料的变化对最终产品的影响与改变进入化学过程的原材料没有什么不同。就像化工厂的顾客想要一种一致的产品一样，根据合同中约定的规格，不管供应商使用什么原料生产，咖啡饮用者在他们最后饮用的杯中想要同样的味道。

因此，我们在高温下生产(热咖啡)的愿望与如果长时间保持在高温下可能降解产品的平行反应之间有一种折中，这在反应系统中并不少见。接下来我们将进一步讨论。

问题讨论

1. 你的化学反应过程详细化学计量是已知的吗？有中间的反应步骤吗？如何提高工艺效率和产品质量？哪些步骤可以提高过程效率或者产品质量？参与工艺设计的每个人对化学工艺有基本的了解吗？

2. 化学计量控制不良的后果是怎样的？从质量的角度来看呢？从反应化学的角度来看呢？从过程控制的角度来看呢？

3. 正在运行的反应动力学和速率常数是否已知？如果没有，决定反应"配方"或顺序的依据是什么？是否偏离这个"配方"？有没有出现问题的迹象(质量、安全)？

4. 思考一下你目前的商业流程——哪些是由于对过程化学流程缺乏理解而导致的问题？提高对组织研发计划的理解？如果没有，原因为何？

5. 你对所有过程步骤的热力学都理解了吗？哪个反应是放热的？吸热？如果放热，是交叉的吗？反应产生的热量超过可能产生的热量的去除速度，知道这一点吗？采取了哪些预防措施？需要多少防护装置？这是怎么决定的呢？

6. 对你使用的材料的所有基本物理性质(热容量、密度、导热率、黏度)都知道吗? 它们对温度和压力的敏感性是已知的吗? 在反应过程中或生产的产品中, 原材料的变化如何改变这些值呢?

7. 反应的平衡常数已知吗? 温度和压力变化如何影响这些值? 这些影响重要吗? 如果是, 如何使用这些信息? 若否, 为什么呢? 没有这些信息, 流程是如何运行和控制的? 如何对不断变化的操作条件做出决定?

8. 当化学家、化学工程师、分析化学家和过程管理者讨论化学反应时, 他们是否都使用相同的"措辞规则"? 如果在定义过程控制和过程时转化率、产量和选择性等术语被误解了, 会产生什么后果?

9. 你们的工艺中使用催化剂吗? 它们在化学反应中的确切作用是如何理解的? 如何能更好地理解它? 在质量上有什么优势? 生产力? 是否了解催化剂中毒或者失活的机制? 何时以及如何再生或替换催化剂? 如果做出这个决定, 根据科学还是历史经验?

10. 气体是用作原料还是作为中间体生产? 或者产品? 如果是这样的话, 它们对反应器内物理性质的影响是怎样的? 这些影响是随着工艺条件的变化还是在工艺周期内变化? 是否知道使用或形成的气体是理想的? 如果不是, 那么是否理解了压力、温度和气体的摩尔数之间的关系? 如果不知道会有什么后果?

复习题(答案见附录)

1. 化学计量决定比率和动力学的_____。

A. 动能 　　　　　　　　　　B. 效率

C. 能量释放 　　　　　　　　D. 速率与能量之比

2. 竞争反应是指_____。

A. 由竞争者参与的反应

B. 同一起始原料可能发生的多种反应

C. 一种或多种基于价格竞争的原材料的反应

D. 一种反应接着一种反应

3. 相同的原料以相同的比例组合, 是否可以产生不同效果的产品?

A. 是 　　　　　　　　　　　B. 否

C. 有时取决于所生产的产品的价值 　　D. 是, 取决于反应条件

4. 化学反应热力学确定_____。

A. 如果反应发生释放或消耗的能量 　　B. 在什么情况下反应会发生

C. 反应开始的时间延迟 　　　　　　D. 反应有多活跃

5. 动力学速率常数_____。

A. 受温度影响   B．不受化学计量的影响

C．不受高度影响   D. 受反应设备尺寸的影响

6. 化学反应速率_____。

A. 可以通过改变压力和/或温度来改变

B. 将受到化学计量和反应物比例的影响

C. 将受到产品移除速度的影响

D. 以上都是

7. 化学反应速率通常是随着温度的变化呈现为_____。

A. 线性   B. 二次方程

C. 对数关系   D. 半对数关系

8. 化学反应的转化率始终为_____。

A. 相同或大于相同反应的收率   B. 小于对多种反应产物的选择性

C. 不受动力学速率常数的影响   D. 与反应的选择性不同

9. 如果一个特性的反应计量热是负的，意味着_____。

A. 不希望反应发生

B. 热量计量是错误的，因为它应该是正数

C. 如果反应，产生能量就会释放

D. 如果反应，需要能量来维持反应

10. 如果特定反应的计算热是正的(吸热的)，意味着_____。

A. 有利于反应的发生

B. 需要恒定的能量输入来维持反应

C. 一旦开始反应就不会停止

D. 以上都是

11. 化学反应系统中的平衡可能受到以下_____因素的影响。

A. 反应物的比例   B. 温度

C. 可能的反应级数   D. 以上都是

12. 平衡常数 K 是指_____。

A. 反应物与产物的比例

B. 在一定条件下反应物与产物的比例

C. 产物与反应物的比例

D. 特定条件下产物与反应物的比例

13. 压力变化最有可能影响以下_____反应平衡。

A. 液-液反应   B. 液-固反应

C. 气-气、气-液或气-固反应   D. 使用价格上涨的气体的反应

14. 所有这些都会影响反应完成的总时间，除了_____。

A. 动力学速率常数　　　　　　　B. 放热反应中的放热速率

C. 反应物的化学计量　　　　　　D. 反应器尺寸

15. 催化剂可以做到_____。

A. 降低反应的温度或条件的苛刻度

B. 引发放热反应

C. 在反应系统中，倾向于一种产物而不是另一种产物

D. 以上都是

16. 随着时间的推移，催化剂效力的损失很可能是由于_____。

A. 进料化学计量的变化　　　　　B. 中毒或污染

C. 催化剂供应商的变化　　　　　D. 将砷引入原料中

参考文献

Fontes, E. (2015) "Modeling Chemical Reactors" *Chemical Engineering Progress*, 2, pp. 46–49.

Loffler, D. (2001) "Avoiding Pitfalls in Evaluating Catalyst Performance" *Chemical Engineering Progress*, 7, pp. 74–77.

Milne, D.; Glasser, D.; Hildebrandt, D. and Hausberger, B. (2006) "Graphically Assess a Reactor's Characteristics" *Chemical Engineering Progress*, 3, pp. 46–51.

Worstell, J. (2001) "Don't Act Like a Novice about Reaction Engineering" *Chemical Engineering Progress*, 3, pp. 68–72.

第5章 施工流程图、图纸和建筑材料

工艺过程放大通常分阶段进行。但设计和建造一个成熟的、生产一种商业化学品的工艺除外。其设计这些年来保持相对不变,并可能在工程和建筑承包商手中作为"现成"工厂。

对于一个工业放大规模的新工艺,化学工程师将与化学家合作,去了解正在生产的产品和制造产品的实验室过程。化学工程师将观察实验室的过程,以确保了解反应条件及其局限性。因为整个过程不太可能完全像实验室过程(与实验室中使用的批处理过程相比,可能会变成连续过程),一个简单的定性流程图通常称为"块"流程图,显示可以使用的设备类型和它们之间的关系。图 5.1 显示了这样一个废物处理过程的简单框图。

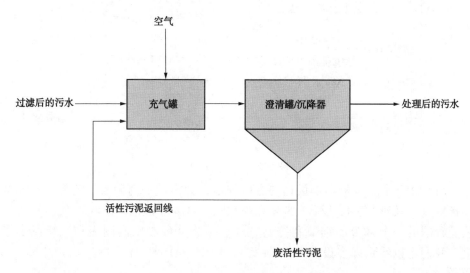

图 5.1 简单框图

这种类型的流程图是定性的,只显示流程如何工作的基本概念。它显示原料(空气和经过过滤器的废水)、澄清器/沉降器(没有确切说明其如何操作的或者在什么条件下操作的),以及一些活性污泥在回收过程中被循环利用的事实(但不是很多)。它还显示了最终产品和处理过的废水,但没有提到成分或温度。它也没有说明空气实际上是如何被引入罐中的或者在什么条件下(压力、温度)引入的。这种类型的流程图只是讨论的起点，也是对如何在工业规模上进行化学实验的初步思考。例如，原料的处理肯定会不同。它们不是从试剂瓶级别的容器中出来，而是来自管道、轨道车、卡车或包装桶，需要有储存设施和安全系统来处理大量的原材料。如果有反应容器或系统，则反应器可以是搅拌容器，也可以不是搅拌容器，但原料仍需引入，产品和副产物仍需分离回收(图中的二氧化碳脱除就是一个例子)。可能需要分离过程，假设从反应器出来的不是最终产物，需要以某种方式进行分离和纯化。

随着对化学和工艺的了解越来越多，就可以开始向流程图中添加详细信息，如流速、成分和温度。这将采用工艺流程图的形式，称为管道和仪表图，显示流程的细节以及如何控制每个单元操作，如图5.2和图5.3所示。

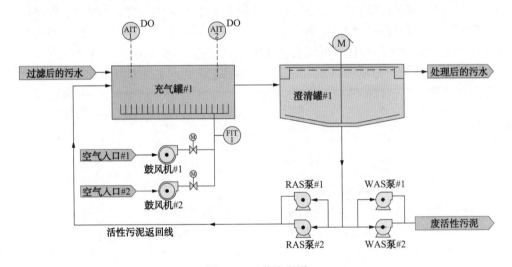

图 5.2 工艺流程图

图5.2显示了容器内部设计的更多细节，如污泥如何回收，测量和控制初步指标，以及对"备用"设备(如泵和鼓风机)的需求指标。图5.3只显示了工艺流程图的一个部分的细节和控制方式。作为这种级别的图表和流程图的子集，我们可以看到许多设备的3D图，它们由CAD/CAM程序生成，如图5.4所示。

如果没有3D软件工具，这种流程图是不可能达到如此详细的程度的，化学工程师可以与机械、管道和仪器工程师一起查看设备和仪器仪表的接入点。这不仅从实际操作和维护的角度很重要，而且从安全的角度来看也很重要。我们还需要了解在紧急的情况下如何快速地接近逃生阀门进入逃生通道。

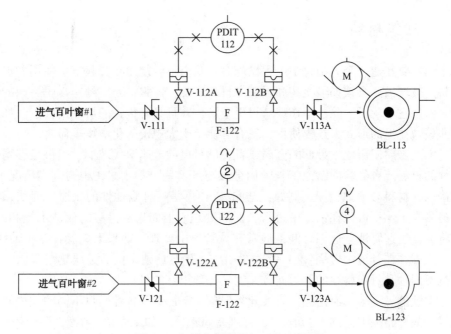

图 5.3　包括仪表的详细工艺流程图

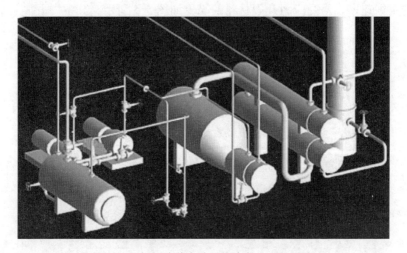

图 5.4　幻灯片共享公开发布的 3D 流程图

　　任何一种流程图，无论是纸面上还是以电子格式，都面临着一种挑战，那就是让它保持最新。一定有纪律严明的过程保持这些重要记录的准确性，及时更新微小的工艺改进以及维护，更新仪表变化。如果在安全、HAZOP 或反应性化学品审查过程中使用过时的流程图，后果会很严重。

5.1 建筑材料

当需要建造一个大型化学工程设施时，我们不会使用在实验室里使用的玻璃材料。玻璃虽然会被如氟化物和强碱等材料腐蚀，但它仍是一种非常耐腐蚀的材料。但是它不耐压，除非用作玻璃衬里金属，并且具有很强的抗冲击性能。如果以非玻璃衬里的形式大规模使用，就有可能产生大规模的化学物质释放。

大型工厂使用成本最低的金属或者玻璃衬里的金属取代玻璃，提供足够耐腐蚀性的材料。有经验的腐蚀工程师们会参与到这些决策中来，因为许多情况下，正确选择材料与常识相悖。例如，已知氯（Cl_2）是一种腐蚀性的物质，但如果它保持非常干燥，可以在钢铁中进行长时间处理。但如果氯是湿的或被水饱和的，它将非常迅速腐蚀普通钢。湿氯通常在钛管道中处理。如果干燥氯在钛中使用，它会点燃并在管道中燃烧（$2Cl_2+Ti \rightarrow TiCl_4$）。并不是越昂贵的金属越耐腐蚀。就抵抗不同种类材料腐蚀的能力而言，铜是一种很好的材料。

腐蚀的另一个方面是应力腐蚀开裂现象。不锈钢等各种材料不同的相之间有晶界，晶界路径上受制于"短路"，特别是氯离子。如果管道"断裂"，可能会沿着它的晶界出现灾难性故障，导致灾难性的破坏，而正常的腐蚀研究可能显示出很低的腐蚀速率。易受应力开裂材料的晶界如图 5.5 所示，其中"短路"路径清晰可见。

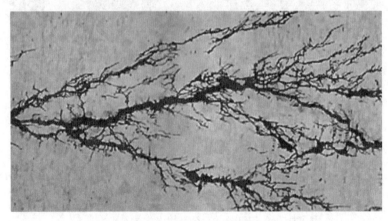

图 5.5　应力腐蚀和一般腐蚀

另一种现象是在材料中形成孔洞，尽管其总腐蚀速率可能非常低。

腐蚀测试和评估通常在严格控制的实验室条件下进行，试图模拟实际的工艺条件。将测试的材料样品插入溶液中，暴露在空气中维持一定的时间，在给定温度下，将样品的质量与其原始质量进行换算转化为材料厚度损失，通常以

"miles/a"表示，即$\frac{1}{1000}$in/a。腐蚀速率较小的材料，不超过 5miles/a 通常被视为无腐蚀性。数字大于此值将被归类为中度或重度腐蚀。确切的分类由组织机构如 ASTM（美国材料试验协会）制定的行业标准确定。

在许多情况下，不可能提供直接模拟在给定环境下暴露 30 年的腐蚀测试。我们根本没有那么多时间！在这些情况下，经常使用加速腐蚀试验，利用我们对腐蚀的基本化学知识及速率常数以及温度的影响。例如，如果我们想知道室温下水中钢的腐蚀速率，我们可以提高水温，知道腐蚀反应速率如何受温度影响，然后利用更高的温度条件下的数据推断出室温下的数据，在较短的时间内获得腐蚀信息。

5.2 结语

流程图是化学工程师展示过程放大的直观方式，显示各种单元操作之间的连接以及与原材料和公用设施的连接。在先进的生产控制系统中，显示了物质和能量平衡的平衡、循环回路以及过程如何控制。过程的可视化，特别是 3D 透视，可以成为有效的培训和安全工具。

咖啡酿造：结构材料和流程图

你有没有画过一张流程图或者一张如何泡咖啡的图表？试试看！原料是什么？进来什么？出去什么？（用过的咖啡渣、废豆荚、没有喝完的咖啡？哪个顺序？有什么不同吗？如果你请别人做一杯咖啡，是否有一个成熟配方？当然有！这就是为什么我们使用流程图和有关它们的信息以传达流程如何运行、连接和受控的。在这个过程中使用了什么材料？大多数咖啡罐是玻璃的，让我们可以看到咖啡的含量。我们经常看到咖啡在这些容器上的残留物（咖啡"降解"产品），尽管有一个清洗的机器。绝缘的玻璃瓶（与坐在热板上不同）通常使用密封真空层。真空层由金属建造。这三者（干净的玻璃、有残渣的玻璃、金属真空容器）都有不同产品污染的可能性，和我们在化学过程中所关心的对于腐蚀、清洁和杂质没有什么不同。我们将继续讨论更多内容！

用于构建过程的材料必须仔细选择，不仅要考虑正常的操作条件（温度、压力，工艺流中的质量/杂质），还要合理考虑可能出现意想不到的工艺条件和原料中的杂质。我们用来建造设备和管道的材料在很大程度上决定了设备和管道还将持续多长时间、腐蚀产品和造成产品质量问题的可能性，以及工厂的原始成本。

问题讨论

1. 您的工艺流程表最新情况如何？这个过程是为了什么更新？你怎么知道流程图是否是最新的？你会问谁？

2. 当流程发生变化时，保证的机制是什么？这些变化是否被转移到工艺过程和工厂里记录？如何确保更改是准确的？

3. 流程图如何用于安全和反应性化学品审查？怎么能更好地使用？

4. 新员工如何使用各级流程表？如何更好地使用它们呢？

5. 您的工艺中使用的材料的腐蚀速率是否已知？由谁进行测量的？记录保存在哪里？进行测试时，它们记录在哪里？信息是如何传达的？

6. 当一个过程中发生腐蚀泄漏时采取了什么措施？

7. 存在哪些污染可能性会影响当前使用材料的耐腐蚀性？如何监测这些可能的污染物？

8. 有什么材料可以防止使用或安装"替代/现成的"材料或工艺部件产生较少耐腐蚀？

复习题(答案见附录)

1. 流程图中包含的详细程度，按增加的顺序排列复杂性是_____。

A. P & ID，质量和能量平衡，3D

B. 质量和能量平衡，P & ID，3D

C. 方框流程图，工艺流程，P & ID，3D

D. 3D，P & ID，质量和能量平衡，方框流程图

2. 流程图很重要，因为它们_____。

A. 确保在过程控制计算机上使用磁盘空间

B. 提供过程流和设备交互的感觉

C. 为新工程师和操作员提供培训

D. 有效利用流程图软件

3. 3D 流程图最重要，因为它们_____。

A. 使员工可以想象人员与设备之间的互动

B. 允许使用电影中的 3D 眼镜，否则会被扔掉

C. 启用 3D 软件的使用

D. 显示安全摄像头的最佳位置

4. 确保流程图是最新的非常重要，因为_____。

A. 维护人员使用它们来识别和连接装备

B. 它们显示安全阀和泄压系统

C. 它们是工程师、操作人员和维护人员之间的一种沟通手段

D. 以上都是

5. 在工艺设备内准确测量和了解腐蚀速率以及它们的影响因素很重要，因为_____。

A. 管道供应商需要知道何时安排下一次销售拜访

B. 腐蚀测量仪需要不时进行测试

C. 了解工艺设备的估计寿命以及腐蚀产物污染过程的可能性

D. 我们需要随时更新设备故障维修的计划

6. 含水量较高的工艺流体比含水量较低的工艺流体_____。

A. 会更具腐蚀性

B. 腐蚀性较小

C. 取决于温度

D. 没有实验室数据就分不清

参考文献

Crook, P. (2007) "Selecting Nickel Alloys for Corrosive Applications" *Chemical Engineering Progress*, 5, pp. 45–54.

Gambale, D. (2010) "Choosing Specialty Metals for Corrosion-Sensitive Equipment" *Chemical Engineering Progress*, 7, pp. 62–66.

Geiger, G. and Esmacher, M. (2011) "Inhibiting and Monitoring Corrosion (I)" *Chemical Engineering Progress*, 4, pp. 36–41.

Geiger, G. and Esmacher, M. (2012) "Inhibiting and Monitoring Corrosion (II)" *Chemical Engineering Progress*, 3, pp. 29–34.

Hunt, M. (2014) "Develop a Strategy for Material Selection" *Chemical Engineering Progress*, 5, pp. 42–50.

Nasby, G. (2012) "Using Process Flowsheets as Communication Tools" *Chemical Engineering Progress*, 2, pp. 36–44.

Picciotti, M. and Picciotti, F. (2006) "Selecting Corrosion-Resistant Materials" *Chemical Engineering Progress*, 12, pp. 45–50.

Prugh, R. (2012) "Handling Corrosive Acids and Caustics Safely" *Chemical Engineering Progress*, 9, pp. 27–32.

Richardson, K. (2013) "Recognizing Corrosion" *Chemical Engineering Progress*, 10, p. 26.

Walker, V. (2009) "Designing a Process Flowsheet" *Chemical Engineering Progress*, 5, pp. 15–21.

第6章　经济与化学工程

　　商业生产中，必须有一种生产产品或服务的动机，这意味着产品的价格必须超过制造产品的所有成本，包括建造设施的资本回报。原则上，这与人们从银行存款或股票市场投资中获得回报预期没有什么不同。这一差额可能会因借款成本而有所不同，随着时间的推移，它仍然必须大于零。例如，如果我们想将 A + B →C 型反应商业化，应该考虑什么？估计什么？

　　A 和 B 的价格是多少？多少量？纯度是多少？C 的价格？什么可能影响这些值？该反应的成本是多少？资本？能耗？劳动力？废物处理？最终设备处置？最终场地清理？反应是否达到所需产物的 100%？"C"不太可能是唯一的产物，其他的副产物是什么？如何将它们与预期的产品进行分离？它们可以回收再利用吗？分离并用作其他有用反应的原料？有垃圾的处置成本问题吗？A、B、C 的危险性？费用是多少？确保它们都得到安全处理和储存了吗？转换之前的安全性是怎样的？

　　除了评估总体费用外，还有两个基本类别需要考虑：固定成本和可变成本。两者有什么区别？固定成本是在实际生产任何产品之前花费的资金，是独立的（或者几乎是独立的）。产品的生产速度（a 工厂可以设计生产 1000t/h，但实际上可以运行和生产只有 800t/h，所以这将是产能的 80%）。例如购买和安装厂内的设备、提供与此过程完全相关的公用设施、购买可安装设施的土地（如果尚未拥有）以及保险和保险税等都是固定成本。此外，一个厂的运行成本几乎与其运行速度无关。许多情况下，劳动力成本是相对固定的，因为大规模裁员在一个连续化生产的工厂里不太可能发生。但是，减少其轮班次数的批量化学制造设备中，人工成本可能有一定的变动。责任保险和工人的补偿费用通常也被视为固定成本。工厂设施的基本用品，如人员设施也是固定的。州或县可以提供税收优惠，以激励企业创造就业机会。通常采取的形式是在较长一段时间内取消或降低地方财产税成本。也可以采取提供快速通道的形式，将有助于降低建造该设施的总资本成本。

　　与最初创造的工作岗位数相比，这些激励措施也可能受到就业岗位持续增加的影响。固定成本的一个重要因素是折旧的概念。美国（和大多数其他国家）的税法为公司将通过这一理念建立工厂提供了激励。假设一个待建工厂的成本为1亿美元，这是前面提到的资本成本。一般来说，税法允许公司每年"折旧"大约10%的固定成本，并从税单中扣除。这是联邦税法体系的一部分，可以由美国国会修改，无论是永久性的还是短期内的，以刺激经济。我们可以把它看作是一种类似"强制"储蓄账户，它可以用于未来重建工厂。这种折旧的金额可以是(有时也是)由国家和州立法机构改变，以激励人们建设能提供工作岗位的工厂。当利润被审查时，这在公司会计上显示为"成本"。但当公司展示其"现金流量"时，折旧会被重新加进去，现金流包括两项：利润和折旧。

购买设备的成本只是固定成本的一部分，设备必须安装好。由于许多因素的影响，这方面的成本将会有很大变化，包括需要封闭的工艺、设备和工艺容器之间的管道及连接件、设备的电气供应、地基准备、公共设施的供应成本、供应公用事业的成本(它们已经有了吗？它们是来自城市还是公共事业单位)、防火要求、仪器设备成本、应急备份以及承包商费用和利润。最后一个项目将受到传统的经济学和承包商的繁忙程度影响。

可变成本是与流程运行速度直接相关的成本。包括与过程直接相关的原材料和能源成本(例如，相对于工厂运营的建筑物和供暖、照明)。例如铝反应产生的热量可以在设施的其他地方使用。能源成本可以在一定程度上抵消，包括环境控制或废物处理/销毁成本。通常说来，它与生产水平成正比。

在所有成本估算中，都包括意外开支。如果工厂是第一家新化学物质的公司，以前没有这方面的经验，那么这个比例就会很大，这可以是从工厂启动期间从未预料到的小意外事件的比例不等。所有这些因素的总和可能是购买的设备成本的3~7倍，除非这个过程是在一块空白区域上的"同类中的第一个"，通常为购买设备成本的3.5~4倍。配送和运输费用也应考虑。大多数化学物质材料以成本加运费的方式销售，这意味着由客户支付运输成本(轨道车费率、包装桶卡车费率、罐等)。但是，在大量商品(如氯、硫酸酸、氨等)运输时，我们经常听到"运费均衡"这个词，这意味着生产商已经部分补偿了运费。

让我们来看使用下面的通用化学物质反应的一个假设的例子：

$$A+B \rightarrow C$$

假设如下：

①反应是吸热的(即它需要持续供应能量才能进行，没有能量输入，它就会停止)，这就需要产生2000 BTU/mol的"C"。

②"A"的成本是1美元/mol，"B"的成本是2美元/mol。

③"C"的价值(售价)为5美元/mol。

④进行反应的溶剂的成本为0.50美元/mol，1mol产品需要10mol溶剂。大

多数溶剂是可以回收的。

⑤建厂成本(安装成本)为5000万美元。

⑥工厂生产能力为$5×10^6$mol/a。

⑦折旧率为10%。

⑧联邦税、州税和地方税合计占净利润的40%。

⑨这是公司的一种新的工艺和产品。

⑩该工艺为一次性反应工艺，在高压下使用催化剂以及反应溶剂。

⑪产物固定，形成后从反应中沉淀出来。反应物可溶于溶剂中，但产品不溶。产品在储存和销售前必须进行过滤和干燥。

⑫反应转化率为100%，但收率仅为90%，即有些未反应的原料必须回收再利用。通过回收溶剂和未反应的原料来实现它们的回收。

⑬其中一种原料以及反应溶剂是易燃、危险的。

早期全流程如图6.1所示。

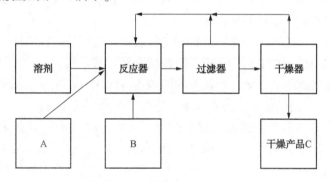

图6.1 早期全流程框图

图6.1的要点如下：

①溶剂或反应物之一可能缓慢降解。

②任何反应物、溶剂，或者产品。

③材料的施工要求。

④所需仪表的类型。

⑤任何物理性质变化的影响。

⑥泵、干燥器和固体输送设备的性质。

⑦该流程图还假设未反应的原料和溶剂可以一起回收。

⑧流程图未详细说明最终产品的存储和处理细节。

取决于所生产的产品的体积、动力学和批量反应的大小，以及建筑和设备的局限性，这类过程实际上可能安装并运行在两个或多个平行反应系统中。

可变成本是怎样计算的呢？A 和 B 的原材料成本分别为 1 美元/mol 和 2 美

元/mol，两者最终都可转化为产品，虽然"B"必须回收，所以原料的总成本是 3 美元/mol。其他需要考虑的原材料是溶剂。认为没有工艺损失是不合逻辑的，环境法规对所需要的回收程度有相关规定。

能量成本至少是吸热反应的能量成本，为 2000 BTU/mol 产物。这也表明这是高压反应，意味着需要中压蒸汽。蒸汽冷凝的热值约为 1000 BTU/磅，所以如果我们假设该能量由蒸汽提供给反应的夹套，蒸汽成本是 4 美元/×10^6 BTU，高于正常水平压力，相当于 4 美元/10^6 = 0.00004/BTU×2000BTU/mol 产品或 0.008 美元/mol 产品。除此之外，还会增加与公用事业相关的成本，用于卫生间、安全淋浴和工艺设备的热水和冷水冲洗，估计总量约为 0.01 美元/mol 产品。这是一些非常小的成本，办公空间、外部主要办公设备和其他物品有关的费用也会很小，与其他费用相比，极有可能是微不足道的。以下是近似可变成本的总结：

产品 C 的可变成本	
原材料(1 美元+2 美元)/mol	3.00 美元/mol 产品
溶剂(1%消耗)10mol/mol 产品：0.50 美元/mol×0.01	0.05 美元/摩尔产品
能耗	0.01 美元/mol 产品
总可变成本	3.06 美元/mol 产品

再来看看固定成本方面。建造这座工厂的成本是 5000 万美元，生产能力 5×10^{6}mol/a，所以按比例计算的资本成本是 10.00 美元/10mol。假设允许按照正常情况下每年贬值 10% 的方式折旧，相当于 1.0 美元/mol。

维修费用是资本成本的一个百分比，已知这是一个高压反应系统，所以它的维修费用很可能更高，可能是资本的 8%，0.08×50 美元/5mol 即 0.8 美元/mol。

除非工厂暂时关闭，一般会使用相同数量的员工，即使产品率有时略有下降。假设 24h 操作中每班有 2 个操作人员，相当于 8 名全职员工。假设这是正常的财富 500 强公司的通常收益，这可能会使公司损失约 8 万美元/人或 64 万美元/a，64 万美元/500×10^6，即 0.13 美元/mol。

还有其他固定费用，如地方税、债务和工人的补偿保险费用往往很小。在固定资本方面，假设有公用事业，例如电灯和水泵的电、中压蒸汽。如果是"基础"设施，就需要额外追加资金。

资本成本汇总如下：

产品 C 的固定成本	
折旧	1.00 美元/mol 产品
溶剂(1%损耗)10mol/mol 产品：0.50 美元/mol×0.01	0.05 美元/mol 产品
能耗	0.01 美元/mol 产品
总可变成本	1.06 美元/mol 产品
可变成本整体情况	
原材料(1 美元+2 美元)/mol	3.00 美元/mol 产品
溶剂(1%损失)10mol/mol 产品：0.50 美元/mol× 0.01	0.05 美元/mol 产品
能耗	0.01 美元/mol 产品
全部可变成本	3.06 美元/mol 产品
总成本	4.12 美元/mol 产品

在售价为 5.00 美元/mol 的情况下，毛利润为 $5.00-4.12=0.88$ 美元/mol。税前投资回报率(ROI)是多少？这是利润除以投资的资本，和决定钱投资在哪里没有区别。利润是 0.88 美元/mol×500×10^4 mol/a，即 440×10^4 美元/a。除以所做的投资，可以得到税前 4400000 元/50000000 元即 8.8%投资回报。在个人投资决策的背景下考虑一下，税前，你会投资么？对大多数化学公司来说，除非这是一个工厂以前多次建成和运行的经验，8.8%将低于可接受的回报。例如，考虑到经营一家化工厂的风险和投资长期债券的风险。现在我们要付 40%的税，等于 $0.4×0.88=0.352$ 美元/mol。以 5×10^6 mol/a 的生产力，相当于每年 5×10^6×0.352=176 万美元。

税后利润是税后收入除以投资，即 1760000/50000000，即 3.5%。这值得吗？总的来说，答案是不。同样，某种长期债券有可能获得这样的回报，那么，如果化学工程师审查这个项目及其经济性，并负责为相关的研发项目提供一些积极的投入，他们会考虑什么呢？

①总成本的 75%是原材料。使用的数字依据是什么呢？是来自贸易杂志还是来自与采购代理的实质性谈话中？纯度是多少？假设的原材料？如果这次评估的价格是 99.9%纯度，如果 99%可以接受，价格会有什么变化？为了适应这种质量较低的原料会发生什么？需要改变工艺吗？这将如何影响资本成本？

②如目前所述，反应不使用催化剂，这在考虑范围吗？如果反应速率可以提高(例如更低的温度、压力)，需要多少资金？需要的资金量会减少多少？如果这是可行的，原材料成本如何变化？

③说明这是一种吸热反应，需要热量输入。附近有没有一个放热过程可被利用于此？可否能再加上以某种方式耦合来提供热量？

④如果改变产品的成分、纯度或形式，能得到更高的价格？会发生什么

变化？

这些只是在项目的早期应该提出的许多问题中的几个。

结语

决定化学过程能盈利的四个主要问题是原材料成本、建造和维护工厂的成本、公用事业(能源、水和电)、税收和折旧以及正在制造的产品的销售价格。在总成本中可变的部分中，可变成本的重要性至关重要。这些数字及其背后的内容也可以作为长期过程研发活动的基础，以降低原材料成本，寻找与新化学有关的材料来源。固定成本一旦发生，就要被花掉，如果没有设施的"注销"就无法收回。

咖啡酿造：成本

所有咖啡价格都一样吗？当然不会！但为什么呢？生材料(豆子)的成本是多少？它们有多罕见？来自哪个国家？收获、库存和装运有多容易？从哪里？生产和包装咖啡豆的各种过程，蒸发制成速溶咖啡，真空冷冻干咖啡、研磨咖啡，在真空容器中的研磨咖啡(真空不是免费)，以及运输/分发/存储它们都有不同的相关成本。这必须与我们认为消费者愿意支付所有这些不同的选择进行权衡。在家里煮咖啡有特殊间接成本。它是以时间的形式间接付出代价的。在一壶咖啡制成后，很大一部分咖啡可能会被扔掉。这需要多少钱？新的"K杯"避免了这一点，但这样的咖啡价格明显高于罐或袋中的咖啡。这种便利与制作这些非常小的包装的成本相比值得吗？形成没有对错…只是根据事先设定的标准来选择。

问题讨论

1. 对所有流程的固定成本和可变成本之间的划分是否都充分了解？这个比率是如何受工厂在运行的产能影响的？

2. 流程研发优先顺序是否反映了这种差异？

3. 有哪些运营计划可以大幅减少或增加产品需求？

4. 原材料成本和供应可能出现的重大变动如何被抵消？在这一领域，哪些资源专门致力于寻找可能的转变范例？

5. 税法和折旧法可能会有什么变化？在什么领域？谁有责任监督这些并提出建议？

6. 哪些变量决定了组织的"可接受的"投资回报(ROI)标准？他们是怎么决定的？这些标准是否经过审查？多久？由谁？标准是什么？

7. 某种程度上说，电力和水等公用事业是工业过程的经济性和可靠性的关键部分，那么通信呢？与公用事业供应商合作是否到位？他们的长远计划是什么？他们知道你的需求吗？还是你只是假设你需要的会在你需要的时候出现？如果一项涉及你的公用事业供应商的合并或收购，它会对你产生什么影响？

8. 一场严重的干旱会对你有何影响？会影响你的公用事业供应商么？你有没有考虑和计划备份和备选的其他选择方案？

复习题(答案见附录)

1. 化学品的制造成本包括_____。
A. 资本成本(建造工厂的成本)　　　B. 原材料成本
C. 税收、劳动力、供应　　　　　　D. 以上都是

2. 决定可变制造成本的最重要因素通常是_____。
A. 运费　　　　　　　　　　　　　B. 劳动合同变更
C. 原材料和能源成本　　　　　　　D. 安保

3. 如果资本成本是制造总成本的50%，那么生产率降低了50%，影响了产品的制造成本将是_____。
A. 10%　　　　　　　　　　　　　B. 25%
C. 50%　　　　　　　　　　　　　D. 75%

4. 如果一种原材料的成本，即产品总成本的20%，那么这个数提高到25%，对总成本的影响将是_____。
A. 24%　　　　　　　　　　　　　B. 4.4%
C. 5.4%　　　　　　　　　　　　　D 6.4%

参考文献

Bohlmann, G. (2005) "Biorefinery Process Economics" *Chemical Engineering Progress*, 10, pp. 37–44.

Burns, D.; McLinn, J. and Porter, M. (2016) "Navigating Oil Price Volatility" *Chemical Engineering Progress*, 1, pp. 26–31.

Moore, W. (2011) "'Lowest-Cost' Can Cost You" *Chemical Engineering Progress*, 1, p. 6.

Nolen, S. (2016) "Leveraging Energy Management for Water Conservation" *Chemical Engineering Progress*, 4, pp. 41–47.

Swift, T. (2012) "New Chemical Activity Barometer Signals Future Economic Trends" *Chemical Engineering Progress*, 8, p. 15.

Swift, T. (2012) "Energy Savings through Chemistry" *Chemical Engineering Progress*, 3, p. 17.

第7章　流体流动、泵、液体处理和气体处理

本章是有关化学技术方面的章节。如前所述，我们倾向于将化学工程研究和分析归类为"单元操作"。流体流动将是其中的第一个待讨论的。

让我们首先定义流体流动的含义。它是物质通过有界区域的流动，相对于液体或气体流以一种不受控制的方式流动，如蒸汽释放或罐泄漏。流体的行为和性质影响泵、反应器、压缩机、阀门和减压阀门的设计和操作。

7.1　流体性质

有许多流体特性影响流体的行为，密度是单位体积流体的质量。水的密度为 $1000kg/m^3$。普通流体密度见表 7.1。

表 7.1　普通流体密度

流体	密度/(kg/m³)	流体	密度/(kg/m³)
汽油	720	原油	816~880
液氨	682	牛奶	1035
液氯	1442	血液	1065
液溴	3100	水印	13500

气体密度要小几个数量级。空气密度(大气条件下)约为 $1.25kg/m^3$。压力增大会使这些数字增大。一些常见的气体密度见表 7.2。

表 7.2　一般气体的密度

气体	密度/(kg/m³)	气体	密度/(kg/m³)
氨气	0.73	甲烷	0.7
氯气	3.20	一氧化碳	1.9
溴气	gas 4.4	蒸汽	0.59
乙烷	1.9	氢气	0.09

流体密度越高，移动所需的能量越多。商业上使用的大多数流体和气体的密

度可以在网上、手册或材料制造商那里轻易获得。

黏度是一种重要的物理性质，在流体流动中常常被忽略。它有多种陈述方式。动态黏度是液体对流动的阻力的一个测量值。我们可以想象到这一点，两个固体表面，移动其中一个表面，需要多大的力量能使液体流动？它基本上是流体抗剪切力的方法，单位是 $1/ft. s(P)$。许多普通流体黏度在 $1cP(0.01P)$ 范围内，通常称为1厘泊。与密度相反，流体的黏度随温度变化很大（在某些情况下为数量级）。作为参考，水在室温下的黏度约为 $1cP$。表 7.3 给出了一些一些普通流体的黏度范围。

表 7.3 普通流体的动态黏度

流体	动态黏度/cP	流体	动态黏度/cP
汽油	0.4~0.9	马达油	65~315
液氨	0.27	糖浆	5~10000
液氯	0.33	血液	3~4
浓硫酸	24	番茄酱	50~100000

黏度增加会使液体更耐流动（因而更难被泵打出），反之亦然。与密度相反，黏度受温度影响很大。表 7.4 给出了水的黏度数据。

表 7.4 水对温度的黏度

水黏度/cP	温度/℃	水黏度/cP	温度/℃
1.31	10	0.40	70
1.00	20	0.32	90
0.65	40	0.28	100
0.55	50		

一般来说，流体的黏度随温度呈对数关系，如图 7.1 所示。这张图反映了黏度的急剧下降。

影响实际黏度的另一个因素是黏度对剪切的响应。换句话说，流体的黏度是如何变化的（如果有的话）？怎样影响流体剪切？例如搅拌、泵送或混合。流体有四种不同的类型。

①牛顿流体。黏度随剪切力变化不大。例如，水、汽油和酒精就是这类液体。它们仍然对温度的变化有反应。

②触变流体。触变（剪切增稠）流体的黏度随着剪切强度的增加而减小，当剪切强度消除后，黏度处于较高的状态。包括油墨（应用时的流动但是停留在原

处)以及油漆、焊膏和流沙。

③膨胀流体。膨胀流体是黏度随着剪切而增加的流体。例如玉米淀粉/水悬浮液或传输流体。

④宾汉塑性流体。这是一种不同寻常的流体类型，其黏度与剪切力的关系曲线类似于牛顿流体，但一直到达某个应力水平才会发生变化。换句话说，流体是半固态的，直到施加一定程度的剪切作用，它开始以牛顿流体的形式流动。例如钻井液、泥浆和番茄酱(曾经尝试过让番茄酱流出吗)。这些不同种类的流体的图形如图 7.2 所示。

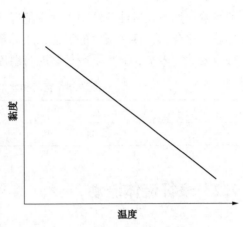

图 7.1　黏度对温度的一般响应

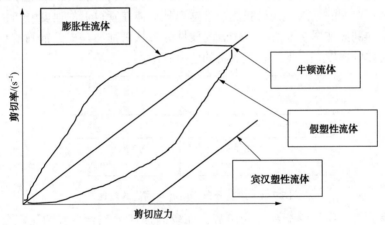

图 7.2　不同流体类型的剪切与应力

由此可见，当设计流体处理系统时，了解被处理的流体类型以及它们对过程条件的响应是多么重要。

运动学黏度是动态黏度与密度的比率，因此关系到流体的密度。

固体(产生浆液)的加入增加了流体行为和分析的复杂性。添加固体可以改变剪切对应力的响应曲线，需要在整个需要预处理的固体范围内仔细测量。在大多数情况下，添加固体会产生浆液，增加溶液的黏度。固体浓度、粒度和液体性质会影响液体的精确变化。

与液体相反，气体黏度随温度的升高而升高，一般遵循以下公式：

$$\mu = \mu_0 + \alpha T + BT^2$$

常数 α 和 β 必须通过实验确定，或从文献资料中查找。气体黏度也受到压力的影响，然而在液体系统中，通常情况并非如此。因为气体的处理非常复杂，例如碳氢化合物，存在很大的温度、压力范围，所以了解气体黏度对温度的响应是很重要的。表 7.5 显示了空气黏度与温度的相关数据。

表 7.5　空气和水的黏度与温度的关系

温度/℉	0	20	60	100
空气黏度	3.38	3.5	3.6	3.94

7.2　表征流体流动

描述流体的一个关键方法是它在管道的湍流程度(有一些类似的方法来分析容器中的湍流，将在第 16 章讨论)。如果流体没有在管道完全混合，则没有足够的动能来克服流体对管道壁的粘附；如果速度足够高，则流动(动能)能量足以克服流体对壁面的粘附。如果我们观察这两种流体在管道上的速度分布，将会看到管道上的剖面如图 7.3 所示。湍流的线性分布从来都不是一条精确的直线，因为无论流体的速度是多少，总有少量的壁面粘附力。

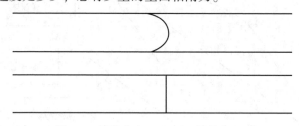

图 7.3　速度分布：层流与湍流的对比

流速分布不均匀的流动称为层流，而较高速度下混合良好的流动分布称为湍流。

速度不是影响所处流场的唯一参数，液体的物理性质和管道直径也是主要影响因素。管道中流体的雷诺数可用下面公式表示：

$$Re = \frac{DV\rho}{\mu}$$

式中：D 是管径；V 是速度；ρ 是流体密度，μ 是液体黏度。

注意，该公式中应使用一致的单位。这是一个无量纲数，换句话说，如果我们插入数字和单位在这个等式中，就会得到一个没有任何量纲的数字。例如，如果一个是密度 60#/ft 和黏度为 0.002 #/s(2 cP)的流体流动在½ft(6″管)，速率为 5ft/s，则雷诺数为：

$$\frac{0.5\text{ft}\times5\text{ft.}/s\times60\#/\text{ft.}^3}{0.002\#/\text{ft.}\,s}=75000$$

75000 这个数字没有单位,因为所有单位值都会在等式中消掉。我们从玻璃管流动的实验中知道,雷诺数低于 2000 表明是层流;雷诺数高于 4000 表明是湍流;介于这两者之间,流动状态还不太清楚,需要进一步研究其流动状态。如果只看雷诺数方程,还需要思考流体的一些实际性质:

①增加速度将增加湍流和雷诺数(但也会增加压降),减小管道直径将具有同样的效果。

②增加流体密度会降低速度和雷诺数。密度较高的流体需要更多的能量来移动。

③增加黏度(如枫糖浆和水)会降低雷诺数和速度,因此更难在管道中混合。

影响管道和泵尺寸的另一个重要因素是工艺管道的压降。当工艺管道是新的时,除了进行正确的初始计算,没有特别的压降问题。然而,随着时间的推移,由于腐蚀或侵蚀,材料在工艺管道内表面上的堆积会产生额外的摩擦损失。这种额外的摩擦损失是由所谓的扇展摩擦系数 f 决定的,它是压力随着时间的推移下降的百分比,它是由雷诺数(湍流度)和内管表面的相对粗糙度决定的。由于腐蚀产物和污染物增加,f 随着时间推移而变化。考虑管道直径的预期损失,摩擦系数与雷诺数关系如图 7.4 所示,结果通常在几个百分点的范围内,并显示在一个穆迪图表上。其主要取决于最初的设计的接近管道材料的类型和表面粗糙度。图 7.4 还显示了混凝土、玻璃、钢筋等材料的相对粗糙系数。

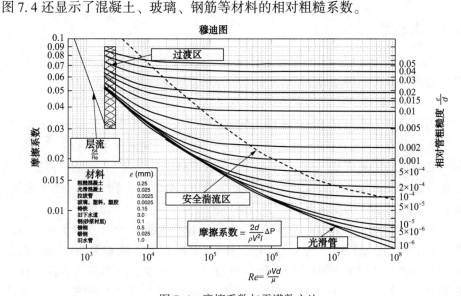

图 7.4　摩擦系数与雷诺数之比

图 7.5 显示了一个简单的泵送系统，将流体从一个罐转到另一个罐。

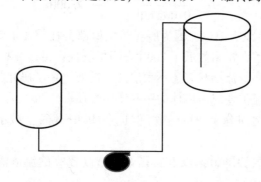

图 7.5　从一个罐向更高的罐泵送

在看图 7.5 时，应考虑所有导致泵压降的原因。首先，应该考虑两罐之间的水平差异；其次，考虑泵送液体的速率；第三，考虑工艺管道的总长度；第四，每次配管改变方向时会增加压降，在这种情况下有四个弯头会增加压降。图 7.5 中没有阀门或者在线测量设备，如果有，它们也将是主要的压降来源。

另外，还要考虑流体特性，包括密度和黏度，这两项都将显著影响压降。如果这些特性随时间变化，压降也会随着时间的推移而发生变化。

7.3　泵的类型

7.3.1　离心泵

流体泵有两种类型：离心泵和正排量泵。这两类中又分为许多种类型。离心泵从横截面上看，如图 7.6 所示。

（1）泵特性曲线

将提供给泵的电力转换为"速度头"或其等效压力。叶轮是泵内部的转动装置，它旋转并将电机的电能转化为转动能。这种泵在任何情况下都不会产生恒定流量，它通过转动能提供一定量的能量。所有液体的"压头"不会是一样的。例如，对于低密度流体，这种泵产生的水头或者压力会更高；而对于高密度流体，则会更低。水头和压力是可互换的，与流体密度有关。

任何特定的离心泵都具有特征曲线（由其制造商提供），如图 7.7 所示。从图 7.7 可以看出，这个泵产生的水头（或压力）与输出相反。这种泵不可能同时具有高流量和高压头或高压力输出。该泵将通过工艺控制或改变工艺条件在曲线的任何地方运行，供应商通常在曲线上确定泵的最高电效率点操作。在这条曲线的极值处，最大流量是达到最小压力或压头输出时那个点。不需要操作水泵

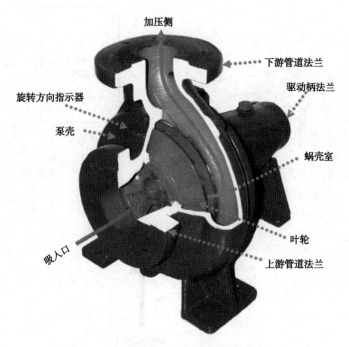

图 7.6　离心泵内部视图

达到该点，但从能源效率的角度来看，最好尽可能接近水泵的这个点。这个曲线是这个泵特有的，它有一个特定大小的叶轮(这是前面显示的泵中循环静脉的直径)。曲线的形状可以通过改变泵内部的叶轮尺寸来改变，如图7.8所示。

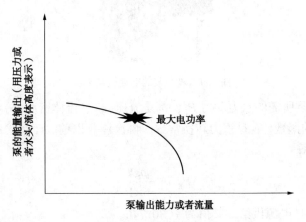

图 7.7　泵特性曲线

水泵产生的流量或水头越高，需要的马力就越大。从能源使用的角度来看，如图 7.9 所示。

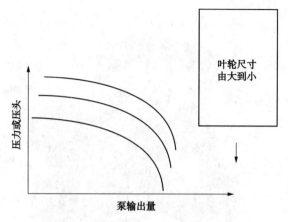

图 7.8　泵输出量与叶轮尺寸的关系

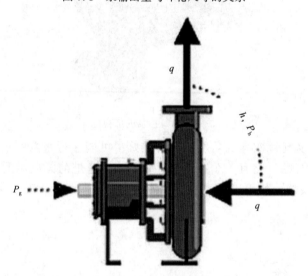

图 7.9　离心泵的能耗资料来源

任何给定泵所需的水力动力 P_h，都是流速(q)、流体密度(ρ)和压差高度(包括其他压降)的函数。g 是重力转换常数。再次注意以前关于单位一致性的评论，以确保准确计算：

$$P_h = \frac{q\rho gh}{3.6 \times 10^6}$$

式中：P_z 是电源供给，其值为 $P_h/0.746$。

图 7.10 显示了广泛条件下电力需求的一般表示。这种分析的要点不是记住方程式(除非你从事泵行业)，但要理解可能影响泵性能的变量。例如，如果一种流体的密度增加，那么功率需求将按比例增加，就像高度差的增加一样。

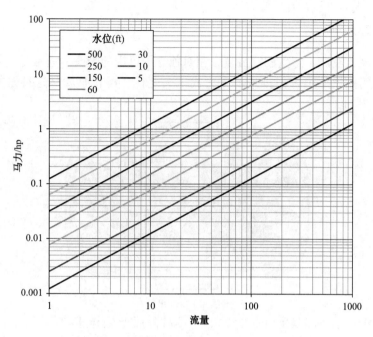

图 7.10 轴功率与流量和高度的关系

（2）离心泵净正吸头（NPSH）

在选择特定的离心泵时，另一个关键机械设计参数是确保泵的 NPSH 至少满足该系统需要。NPSH 是最小吸入压头（泵吸入之前所有水压降的总和减去泵送的流体的最小吸入蒸汽压力的总和）。以一个储罐为例，内有 10ft 高的液体，相对密度为 0.8（与水相比），相当于管道在储罐和泵之间有 2ft 压降。另假设罐中的流体处于其蒸汽压相当于 1ft 液体（1/14.7×0.8）的高度，这意味着泵的扬程为（10×0.8）-2-0.05×0.8<6ft。购买的泵必须能够在这个数量的压头工作，否则供给泵的能量将足以使泵内的流体沸腾，对泵造成严重的机械损坏，包括严重的振动和泵可能脱离其支撑底座。每个泵从供应商处购买的产品将包含此信息。因为独特和有时是专有的设计，同一通用服务领域的不同的泵可能需要不同的 NPSHs。

离心泵设计中有两个经常被忽视的方面：第一是简单地改变泵的油箱液位。油箱液位一般在进气口或者泵的排出侧，改变泵的输出和效率或允许操作条件低于所需的最低 NPSH。第二是忽略流体温度的变化。增加供给泵的流体温度将降低入口压力及输出和能源效率，并影响 NPSH 的可用性。泵里面的液体的 NPSH 不足会使其沸腾（能量平衡：能量进入泵需要去某个地方），造成巨大的压力，可能会使管道连接断裂。

7.3.2 容积泵

这类泵的设计，产生固定流量，相对独立于可用的吸头。通常是活塞或隔膜泵，其作用原理是正容积排量与压力或压头之比。齿轮泵就是这种泵的一个例子，见图 7.11。

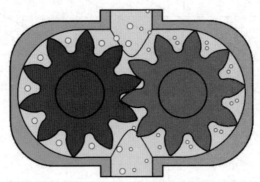

图 7.11　齿轮泵

另一个例子是隔膜泵（图 7.12），这两种隔膜产生异相脉动，因此，为了使这种类型系统提供更恒定的流量，其中一个或多个必须彼此异相才能填满间隙和均匀流动。

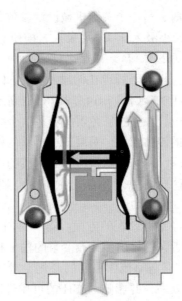

图 7.12　隔膜泵

旋转泵是这种泵的另一个例子（图 7.13）。正排量泵的特殊安全方面需要考虑到，那就是这类泵有泵送能力，能提供恒定流量，会在泵的吸入侧产生真空，必须设计成能在真空或某种安全条件下使用，防止产生真空。此外，由于压力输出是恒定的，管道和所有下游设备都必须能够处理这种泵的最大潜在压力。

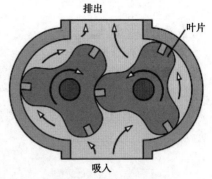

图 7.13　旋转凸轮泵

7.3.3　变速驱动泵

改变和控制泵的流量输出的另一种方法是使用变速驱动电机，而不是恒速电机。恒速电机的输出通常由泵两侧的控制阀调节输出电流。变速电机通常成本较高，会有恒定的阀门循环来控制流量，节约能量。

7.4　水"锤"

不管使用哪种类型的泵，一般的安全规则是不要使泵下游阀门发生突然变化，尤其是正向排量的水泵。如果突然关闭泵下游的阀门，阻止了流体流动，被注入流体的能量必须疏解到达某个地方（能量平衡），在这种情况下，会在管道系统中引起大的振动，导致管道破裂。在极少数情况下，会导致泵发生移位——这是非常危险的情况。

7.5　管道和阀门

泵只是流体处理系统的一部分，其他部分还包括管道、阀门、计量和仪表。管道的直径和类型（金属、塑料、塑料衬里等）将根据成本、腐蚀特性和压降来选择，正如前文提到的，很少会有完美的选择。管道很少仅仅是在一个方向上的，极少有大小相同、方向相同的一条直线管道，一般都会有各种类型的弯头、接头和连接件。例如三通（一条线分成两条）、弯头（方向变化）、联轴器、变径联轴器、接头（允许接近的直线连接）以及帽头和插头。这些都是从实际维修的角度考虑，每个因素对流动压降都有不同的影响，并且在确定泵送系统的尺寸时必须加以考虑。

阀门用来控制或改变流量，有闸阀、蝶阀、截止阀等。但与管道和阀门一样，压力下降在液体处理系统的设计和泵的选择中也必须考虑跨阀门的问题。

7.6　流量测量

有许多不同的方法来测量流量，无论它是作为一个质量单位或作为一个容积单位。如果已知流体的密度是恒定的，则体积流量测量就足够了。在这种情况下，有几种类型的常用测量设备，最常用的是孔板流量计，如图 7.14 所示。

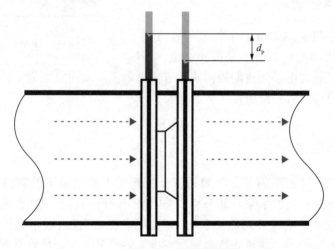

图 7.14　孔板流量计

管道内的流量通过一个有孔的固定的板。根据流体的密度、穿过孔的 AP、板孔尺寸与管径的比值，可计算容积流速。管道中的压力最终会恢复。另一个常用设备是文丘里管，如图 7.15 所示。

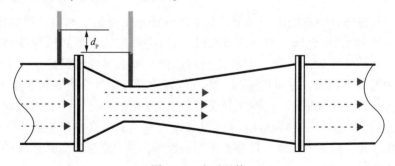

图 7.15　文丘里管

文丘里管的工作原理与孔板流量计相同，但是由于它的几何形状在最终孔的两侧逐渐缩小，因此压降更小，测量更精确，但成本更高。

当需要知道实际流量的质量(相对于体积)时，经常使用科里奥利流量计(见

图 7.16）：这是一种有固定液体体积的流量计，但两个包含液体的平行管也以固定频率振动。密度变化引起的频率变化允许该仪表进行补偿这种变化，并报告实际质量流量。

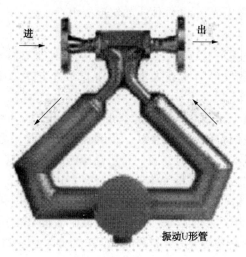

图 7.16　科里奥利流量计

7.7　气体定律

系统涉及气体处理时，不同之处是对物理特性的考量。气体不同于固体和液体，气体会根据压力改变体积。固体和液体也是如此，但是程度很小，在实际中通常忽略不计。以下方程用来描述理想气体行为：

$$PV=nRT$$

式中：P 是系统相对于气体所占体积的绝对压强；V 为体积；n 是气体的摩尔数；R 是通用气体常数（R 的单位是非常重要的）；T 为温度。

请注意：存在的气体量由"n"表示，即摩尔数，而不是气体的质量或重量。这是因为体积与质量无关，只取决于摩尔数量。1mol 氢气质量为 2g，与 1mol 氯71g 一样的体积。

这个简单的定律可以用来计算和概念化压力和温度的变化的影响。这个方程只适用于理想气体，或者近似真实气体（其行为足够像理想气体）。事实上，这种气体定律有许多不同的表现形式，反映了分子大小和分子间吸引力，对于高温低压下的单原子气体来说，这是最准确的。对于较低密度的气体，在较低压力下有较大体积，分子尺寸大小变得不那么重要，因为相邻分子之间的平均距离变得比分子尺寸大得多。气体不同于液体，涉及气体的工程计算必须考虑到压力和体积的变化。

回顾一下化学平衡移动原理（Le Chatelier's Principle），可以看到，在一个包含气体反应或者产生气体的系统中，反应平衡会随着压力的变化而变化。例如，如果有4mol气体反应生成2mol气体，如氨反应中：

$$N_2+3H_2\rightarrow 2NH_3$$

我们假设反应过程中较高的压力会使反应平衡向右移动，增加氨的生成量。这种情况下，氨反应通常在大于1000psig以下进行，以促进正向反应的进行。

由于该反应本质上是放热的，因此它的平衡常数（K_e）随温度升高而急剧下降，与上述相悖。我们希望反应速度快，但当提高温度时，为了做到这一点，我们减少了生成氨的量。与此同时，我们希望高压能改变反应，使反应更有利于产品生成，使气体摩尔数小于原料气体。高压设备费用很高，一个典型的氨法在几百摄氏度和至少1000psig下运行来处理这种矛盾。降低温度和压力的反应是化学工程的"目标"之一。100多年以来，我们一直面临着同样的挑战，与此同时，化学工程师和设计运营合成氨的公司每年都召开大型年会，讨论这一过程的安全问题。

7.8 气体流动

测量气流的一种更常见的方法是使用简单的皮托管，如图7.17所示。

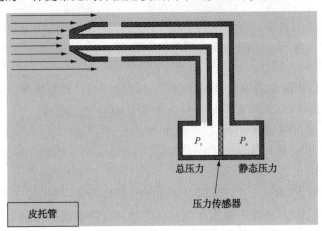

图7.17 皮托管气体流量计

这种设备在飞机机翼上偶尔会出现，用来测量飞机速度。也可以使用前面讨论的其他测量装置。

7.9　气体压缩

气体通常由压缩机(高压)和风扇(低压)进行移动。与液体一样，在给压缩机或风扇上浆时，所有压降源必须考虑。气体流速更复杂，因为它们的密度会随着压力而变化。这需要基于压力和温度的变化的综合计算。

气体压缩机会显著提高气体的温度(还记得液体和气体热容量的不同吗)，进而影响压缩机的效率。被压缩气体的导热系数也会随着温度的变化而变化。等温压缩气体(即压缩气体时冷却)将消耗更少的能量。

与液体流动系统一样，我们必须考虑以下因素：平均流量与峰值流量；压降，是否考虑了所有项目？压力来源；管道设计、弯头、三通；产生真空的能力。

压缩机通常是在机械或密封流体的作用下被"密封"的，如果使用后者，则必须在工作温度下考虑其蒸汽压，因为这将限制其密封能力。此外，压缩气体在流体中的溶解度也必须考虑。

总之，液体和气体的流量和计量受到许多物理性质变量的影响。当温度和压力变化时，必须考虑到这些变量。流体和浆液对剪切有许多不同的反应，必须考虑。根据系统的需求，流动、泵送和压缩可以多种方式进行。在正位移系统中，必须考虑产生真空的可能性和可能的安全后果。

流体流动和咖啡酿造

让我们再次回到我们的案例研究。流体何时流动？它们的性质什么时候改变了？会有什么影响？有几种不同的酿造方法，让我们从最常用的工艺开始，滴罐过滤。在这种情况下，热水分散在磨碎的咖啡颗粒的周围，通常由一个我们看不到的小泵驱动，水流通过"提取"或"浸出"(稍后详细介绍更多关于这些单元操作)风味成分从磨碎的咖啡豆中渗出，然后滴入容器。大部分磨碎的豆类原料留在了后面，被一个过滤纸截留住(稍后介绍关于这个单元操作的更多信息)。它也可以是永久的长丝缠绕过滤器，可以反复冲洗并重复使用。这里存在哪些问题？

我们讨论了温度对液体黏度的显著影响。机器产生的温度恒定吗？如果没有，那么每次煮一杯咖啡黏度都会不同。如果黏度较高或者更低，通过研磨碎的咖啡和过滤介质的流量也将会发生变化，从而影响水浸出香味成分的时间。咖啡会根据黏度变弱或变浓，不太可能会有任何显著的密度差异，所以这方面可能会被忽略。

将水送入咖啡机的泵的性质是什么？很可能是一个"精确"提供所需水输送量的小型容积泵。但是除非仔细检查，否则我们怎么知道？

和其他流体一样，水具有表面张力，这一特性也受溶解盐和温度的影响。它"附着"在咖啡粉上有多长时间？这些粒子有多大？它们大小都一样大吗？它们的粒度分布如何？水软化了吗，需要加入钠并除去水里的钙吗？是在一个再生周期的中间吗？这将如何影响表面张力？

咖啡酿造听起来有点复杂，我们仍然还有很长的路要走！

问题讨论

1. 在你的实验过程中液体的性质是什么？它们的所有物理性质都测量了吗？这些信息是否容易获得？

2. 你是否掌握所有实际操作条件下的数据？

3. 你使用的泵是如何选择的？有没有依据可以重新考虑这个决定？

4. 你运行的离心泵的最小 NPSH 是多少？如果无限接近这个值会发生什么呢？HAZOP 或任何其他类型的安全或工艺审查中是否讨论过这一点？

5. 是否有新的离心泵可以满足您的 NPSH 和流量需求？应该安装吗？为什么？

6. 如果你使用容积式泵，会有什么后果？泵"死头"的后果是什么？这种情况需要存在多久才会发生流体分解？

7. 使用什么类型的流量计？选择它们的依据是什么？有什么性质值得改变吗(所需精度、流体类型、压降、成本)？

8. 体积流速是否足够？质量流量是否更有用？什么原因呢？

复习题(答案见附录)

1. 总流体压力通过以下各项的总和来测量_____。

A. 静压和动压   B. 动压和流体密度

C. 静压和预期摩擦损失   D. 所有上述情况

2. 层流意味着_____。

A. 流体流动的压降很高   B. 流体无方向地四处游荡

C. 管由塑料层压板制成   D. 在管道横截面上很少或没有混合

3. 湍流意味着_____。

A. 流体在管道横截面上充分混合   B. 压降将高于层流

C. 流体和管道壁之间很少或没有粘附力

D. 所有上述情况

4. 紊流与层流会影响除以下_____情况外的所有情况。

A. 管道中的压降　　　　　　　　　　B. 在管道中混合

C. 管道材料的成本　　　　　　　　　D. 阀门和仪表上的压降

5. 影响流体处理系统的关键流体特性包括以下所有，除了_____。

A. 密度　　　　　　　　　　　　　　B. 黏度

C. 泵送前在储罐中的停留时间　　　　D. 温度和蒸汽压

6. 黏度表征流体对以下_____物质的抗性。

A. 被泵送　　　　　　　　　　　　　B. 被存放在仓库里

C. 价格变化　　　　　　　　　　　　D. 剪切

7. 流体的黏度受以下_____因素影响最大。

A. 密度　　　　　　　　　　　　　　B. 压力

C. 折射率　　　　　　　　　　　　　D. 温度

8. 理想(牛顿)流体在恒定的温度下黏度对剪切力变化反应_____。

A. 保持不变　　　　　　　　　　　　B. 增加

C. 下降　　　　　　　　　　　　　　D. 需要更多信息来回答

9. 膨胀流体的黏度随剪切_____。

A. 增加　　　　　　　　　　　　　　B. 减少

C. 保持不变　　　　　　　　　　　　D. 取决于什么样的剪切

10. 触变流体对剪切的响应_____它的黏度。

A. 增加　　　　　　　　　　　　　　B. 减少

C. 不影响　　　　　　　　　　　　　D. 取决于什么样的剪切

11. 一般来说，向液体中添加固体(将其转化为浆液)将_____其黏度。

A. 增加　　　　　　　　　　　　　　B. 减少

C. 不影响　　　　　　　　　　　　　D. 无法知道

12. 雷诺数是_____。

A. 无量纲的　　　　　　　　　　　　B. 流动中湍流的量度

C. 直径×密度×速度的比值　　　　　D. 所有上述情况

13. 化学工程中的无量纲数_____。

A. 为设计校对提供了一种简单的描述方法

B. 没有单位(如果计算正确)

C. 允许化学工程师估算工程系统的相对行为

D. 所有上述情况

14. 流体流动中的摩擦受以下_____因素的影响。

A. 流体性质　　　　　　　　　　　　B. 流速

C. 管道设计特性　　　　　　　　　　D. 泵送流体的能量成本

15. 流体系统中的压降会受到以下_____因素的影响。

A. 管道长度 B. 连接和阀门的数量和性质

C. 墙壁上的腐蚀程度 D. 所有上述情况

16. 离心泵和溶剂泵之间的差异是_____。

A. 离心泵价格较低 B. 容积泵具有特性曲线

C. 离心泵产生恒定压力；容积泵输出恒定流量

D. 容积泵比离心泵更难"死头"

17. 离心泵需要最小净正吸入压头（NPSH），否则它们会抽空。这可能是由以下_____原因造成的。

A. 工程图纸上泵的不当放置 B. 降低泵送液体的液位

C. 提高泵排放到其中的罐的液位 D. 提高进料液体的温度并提高其蒸汽压

18. 如果流程需要超过泵的最低 NPSH，有哪些选择?

A. 提高泵入口流的高度 B. 降低入口进料的温度

C. 增加系统中管道的尺寸 D. 以上任何一项

19. 流量计的选择依赖于_____。

A. 需要的准确度 B. 管道压力降承受力

C. 流体清洁度 D. 以上所有

参考文献

Collins, D. (2012) "Choosing Process Vacuum Pumps" *Chemical Engineering Progress*, 8, pp. 65–72.

Corbo, M. (2002) "Preventing Pulsation Problems in Piping Systems" *Chemical Engineering Progress*, 2, pp. 22–31.

Fernandez, K.; Pyzdrowski, B.; Schiller, D. and Smith, M. (2002) "Understanding the Basics of Centrifugal Pump Selection" *Chemical Engineering Progress*, 5, pp. 52–56.

James, A. and Greene, L. (2005) "Pumping System Head Estimation" *Chemical Engineering Progress*, 2, pp. 40–48.

Kelley, J.H. (2010) "Understanding the Fundamentals of Centrifugal Pumps" *Chemical Engineering Progress*, 10, pp. 22–28.

Kernan, D. (2011) "Learn How to Effectively Operate and Maintain Pumps" *Chemical Engineering Progress*, 12, pp. 26–31.

Livelli, G. (2013) "Selecting Flowmeters to Minimize Energy Costs" *Chemical Engineering Progress*, 5, pp. 35–39.

https://commons.wikimedia.org/wiki/File:Viscosity_video_science_museum.ogv (accessed on August 30, 2016).

第8章 热传递和热交换

化学工程实践的第二个主要课题是能源转移研究，最常见的是利用设备转移热量，如加热或冷却。本书中讨论冷却时，我们使用制冷这个术语。在下列情况下，可能需要进行加热或冷却：

①预热进入化学反应系统的材料；

②冷却在反应器中产生热量的工艺容器或反应系统；

③如果是吸热反应，加热以维持其反应进行；

④冷凝来自蒸发器或蒸馏塔的蒸汽；

⑤在蒸馏塔底部再沸液体；

⑥在反应系统中冷却可能在非常低的温度下分解的材料。当在低于室温下进行冷却时，交换器通常被称为"冷却器"；

⑦收集或去除辐射热。太阳能收集器就是这样的设备，高温裂解炉是另一种。

该装置操作中使用的设备和流体根据需求和资源可用性有很大的不同。例如，如果需要在夏天将南得克萨斯州的一种材料冷却到 70℉，那么，湖水或河水不可能做到，需要某种制冷设备。如果同样的系统在明尼苏达州或密歇根州的上半岛，就没有这种需要。相反，如果需要加热材料，可用蒸汽的压力会限制蒸汽温度。

正如我们所讨论的其他主题一样，我们需要记住两个基本原则：①热量从高温流向低温。②加热或冷却可用于提高或降低金属材料的温度或者改变其相态，即熔化/冻结或沸腾/冷凝。当材料发生相变时，温度没有变化。

还有两种不同类型的热传递，即对流和传导。对流是指在两种材料之间的大量热传递。冷热流体混合在一起或加热或冷却就是这样的例子。传导是指热量在没有温度变化的情况下热量的移动。例如房屋中从内部到外部的热量损失。尽管材料没有明显的大幅度移动（比如，一根杆子里或者在房子墙壁内的隔热材料中），但材料里面的分子在振动和移动，将能量从热到冷进行传递。

材料的电导率是通过热导率 k 来测量的，其单位是 BTU/（h·ft·℉）或者是热量、时间和距离的其他组合，这些组合是一致的。材料的 k 值越大，热能（加热或冷却）可越快穿过它。如果想防止热量流失，应选择低 k 值的材料；如果想加热或冷却离开系统的速度最大化，应选择高 k 值的材料。一些材料的热导率值如表 8.1 所示。

表 8.1　普通材料的导热系数

材料	导热系数/[BTU/(h·ft·℉)]	材料	导热系数/[BTU/(h·ft·℉)]
铝	115~120	银	240
铜	215~225	砖	0.08~0.12
钢或铁	25~40		

你可以从我们每天使用的锅碗瓢盆的角度来考虑这些数字。许多更昂贵（因为铜比钢或铝更贵）的锅是镀铜的或完全由铜制成的，以提供快速、均匀的热量。铝性价比介于低 k 值的钢和高 k 值的铜之间。如果能负担得起，用银做炊具（或工艺热交换器）就太好了，银的 k 值很低，所以它是一种绝缘材料。

表 8.2 显示了另外某些材料的 k 值。从表中可以看出，碳氢化合物，如己烷，和水的 k 值之间的巨大差异。在热交换器中使用水来传递相同热量将需要更少的材料。注意，这些气体具有相对低的 k 值，这意味着相对于固体和液体，提高温度需要较少的热量输入。要注意，钠的 k 值非常大。

表 8.2　某些材料的导热系数

材料	导热系数/[BTU/(h·ft·℉)]	材料	导热系数/[BTU/(h·ft·℉)]
正己烷	0.08	甲烷	0.02
水	0.36	空气	0.016
金属钠	45	氩	0.010
氢	0.11		

少量的金属钠可以吸收大量的热量。这是液态钠被用作核电站反应堆中的冷却剂的主要原因。在大多数风暴窗口，玻璃之间有一层空气绝缘层防止热量损失。在北方气候中，在玻璃板之间注入密封氩气（一种昂贵的气体）可以进一步抑制热流，它的 k 值比空气低 40%。

当有大量的物质流动和热传递时，是利用的对流热传导。如前所述，这可以是冷液和热液的大量混合，但在化学工程界，它通常是指两种流体（液体或气体）在它们之间以热交换器的形式用金属屏障加热或冷却。

8.1 热交换器的类型

以下是化学工业中使用的主要的热交换器类型：

①管壳式换热器。这类型热交换器是典型的逆流流动设计，是应用在化学工业中的主力设备，如图8.1所示。

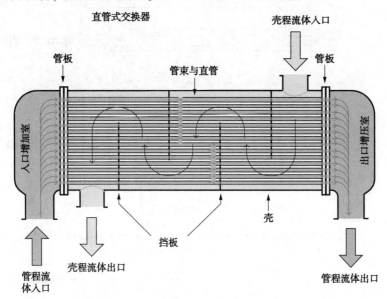

图8.1 常规管壳式换热器

在这种类型的设备中，管外的冷却液用来冷却管内的热流工艺。管子内部和管外是对流传热发生的地方。管道金属壁发生热传导。图8.1显示了一种"单程"配置，管子是"U形管"配置并具有多通道配置。也可增加挡板，增加交换器壳侧的流体湍流，提高传热速率。

②夹套换热器。图8.2是简单的管道，周围包裹着外套（类似于绝热），既可以冷却，也可以加热。由于面积和时间限制，它只能用于最少量的热传递。

③冷却器。是指正常环境温度下运行的热交换器。通常，它的目的是使用制冷剂浓缩得到更低沸点的化合物（如氨）、低沸点烃或氟化烃。它可以多台同时使用。

④冷凝器。是指一种热交换器，用来把蒸气流冷凝变成液体。它可以多台同时使用。它最常见的是用来压缩来自蒸馏塔的蒸气（蒸馏将在第10章中详细讨论），如图8.3所示。

这种类型的热交换器也可用于冷凝和去除来自气体排放中的挥发性有机物

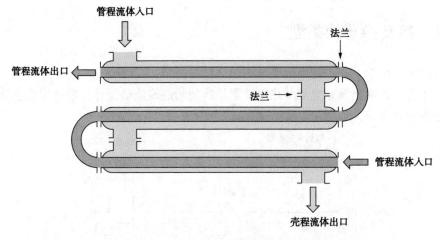

图 8.2　夹套管换热器

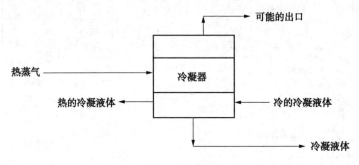

图 8.3　冷凝器

（VOCs）。由于进入气流的成分不同，不是所有进入的蒸气都会凝结，可能需要通风孔，并需要进一步处理排气气流。如果只有一部分冷凝流，这种类型的冷凝器称为部分冷凝器。

⑤再沸器。是指热交换器，用于在液体蒸馏塔底部"再沸"（将在第 10 章中介绍），如图 8.4 所示。

热交换器的总传热系数通常由 $Q=UA\Delta T$ 的基本方程进行计算，传热面积为 $A=Q/U\Delta T$。Q 是所需能量，可通过将流体速率乘以热容乘以温度变化来计算容量变化（以及汽化潜热），然后除以估计的传热系数来计算。

再沸器有逆流与并流设计两种：

①通常可以用两种不同的方式配置热交换器，即并流（也称平行流）和逆流。逆流热交换器如图 8.1 所示。并流热交换器如图 8.5 所示，热和冷的液体在热交换器的同一端进入。

②流体温度分布的差异非常不同，因为在并流情况下，热流体或冷流体不可能达

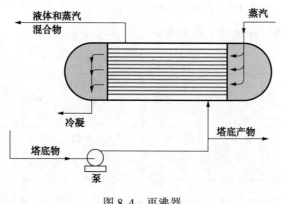

图 8.4 再沸器

图 8.5 并流热交换器

到高于其"平均"温度。这两种不同类型的交换器中的温度分布如图 8.6 所示。

③逆流设计中冷却流体的出口温度较低。

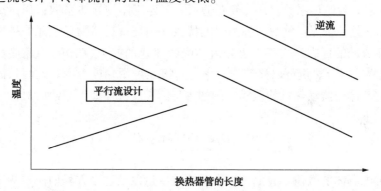

图 8.6 并流与逆流温度曲线

8.2 传热系数

总传热系数 U 为三种不同传热系数之和：①从冷流体到壁的对流热传递；②通过壁的热传导；③从内冷却壁表面到前冷却壁表面的对流热传递过程流体。

总传热系数 $U = h_{外壁} + h_{管} + h_{内壁}$。在许多情况下，内管壁和外管壁上的雷诺数很高（湍流很大），穿过管的 h 最高，这意味着它对热流的阻力最小。正常的挑战是把热量从墙壁上传到墙上。然而，如果流体雷诺数低，则这种假定不成立。并且根据其导热率、厚度和管子两端的温差可以计算单个 h 值(见表 8.3),这些粗略的计算将告诉我们穿过管子的 h 是否小到可以忽略不计。

表 8.3　近似传热系数

外部流体	内部流体	接触材料	总传热系数 U
空气	水	金属	1.5~2.5
水	水	金属	40~80
蒸汽	水	金属	120~180

传递的能量等于总传热系数(实际上是三个系数之和)乘以管道面积再乘以两点的温差。总传热系数的近似范围见表 8.3。

传热系数是许多流体物理特性及流动条件的函数,这些方程用了一组无量纲数(我们已经介绍了雷诺数,它是流动湍流的一种度量),以及用于热交换设备的管道的几何形状:

$$\frac{hD}{k} = 0.023 \left(\frac{DV\rho}{\mu} \right)^{0.8} \left(\frac{C_{\mathrm{p}}\mu}{k} \right)^{0.3}$$

式中:h 为传热系数;D 为管道直径;k 为流体的导热系数;$DV\rho/\mu$ 为雷诺数;$C_{\mathrm{p}}\mu/k$ 是一个无量纲数,称为普朗特数,是衡量材料物理性能的指标,是流体或气体流动的标志。它基本上是流体吸收热量的能力(C_{p})与传递热量的能力(k)的比率,以及热量可以移动的速率,间接地可用黏度表示。人们只需要想想在低黏度流体中流动热量的差异,例如水与高黏度液体如枫糖浆的对比,则该方程变形如下:

$$h = \frac{0.023 (DV\rho/\mu)^{0.8} (C_{\mathrm{p}}\mu/k)^{0.3} (k)}{D}$$

不考虑具体的数值,我们可以看看这些变量以及这个方程如何预测传热系数对条件或物理性质的变化的响应:

①如果雷诺数增加,传热将增加 0.8 次方。湍流越大,热传递越有效,但是它不会线性增加。

②如果管径增加,传热将减少 0.2 次方(管道直径越小,速度越低,湍流就越小)。

③如果黏度增加,热传递将减少 0.5 次方(如果流体"较厚",雷诺数会降低,并且能够混合液滴)。再想想水和枫糖浆。

④如果流体的导热率增加,热传递将增加 0.7 次方。

这里的重点不是记住方程式,而是为了强化热传递会随着变量而变化的自然逻辑，在化学工程设计中，变量的改变不仅影响热交换，流体的选择及其物理性质也会受到影响。过程系统发生变化时，这些知识也可以帮助估算传热效率的变化。

8.3 公用工程流体

人们很容易过度关注需要加热或冷却的工艺流程，但公用事业流体（水、蒸汽、制冷剂或传热流体）同样重要。它们的属性和可用性可能不能完全由用户控制，因为它们大部分是由公用事业公司提供的。即使我们可以在工艺流程表上指定150psig蒸汽，根据计算，蒸汽在任何时候都能达到150psig的机率是微乎其微的，尽管公用事业部门有着良好的初衷。如果是140psi会发生什么？160psi呢？过程流体可以吗？会过热吗？有什么后果吗（回顾关于HAZOP的讨论）？如果过程流体没有被充分加热，正在进料的反应器反应速度是否会变慢了？这是个问题吗？如果是，是什么样的问题？如何应对？如果蒸汽供应完全中断了怎么办？

如果使用的流体是水（用作冷却液），如果它的温度太热或太冷会有什么后果？是冷却一个放热反应？会不会有失控的化学反应事件？需要多少层保护？什么是备份计划？尤其是如果冷却水来自一家你没有直接掌控的公用事业公司？你怎么决定？这个"冷却"的输出是反应器进料或者其他过程么？反应进料中断的后果是什么？

在冷却器中，低沸点化合物（如碳氢化合物）、氟化的碳氢化合物和液氨被用作冷却剂，因为这些材料在汽化时会产生压力，所以要确保阀门在热交换器系统内不会发生不恰当地关闭，潜在地导致热交换器爆炸，因为它们不是压力容器。

8.4 空气冷却器

在冷水短缺的情况下，经常使用空气冷却器，如图8.7所示。

比起那些使用液体的换热器，空气冷却器具有低得多的传热系数，且它们使用"免费"资源。环境空气的温度是有限制的，所以在设计要求的面积时，应考虑最坏情况时的空气温度。

图8.7　空气冷却器

8.5　刮壁式换热器

当需要加热或冷却的材料黏度较高时，管结垢会很严重，以致于需要连续刮除和清除墙壁结垢，如图8.8所示。

图 8.8　刮壁式换热器

8.6　板框式换热器

属壳管式换热器，换热器两侧间隙非常紧密，层间湍流非常强(图8.9)，通常具有较高的传热效率，但是由于间隙很小，并不是泥浆的第一选择。它们的主要优点是在小范围内具有高传热率。

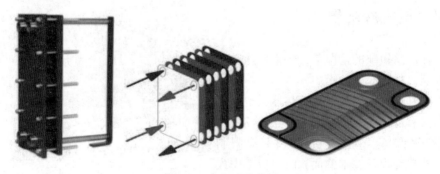

图 8.9　板框式换热器

8.7 泄漏

任何热交换器最终都会在壳程和管程之间发生泄漏，只是什么时候泄漏的问题。值得关注的重要问题是，当这种情况发生时，我们想让换热器以哪种方式泄漏吗？壳对管，还是管对壳？这将主要由两侧的压力值控制，压力值可以在设计中考虑。如果几根管子从管板上脱落（参见下节），可能发生大量泄漏。需要采取什么样的安全、停工、环境保护措施？这不仅对热交换器，而且对它的下游也适用。

8.8 机械设计

详细的机械设计包括焊接和容器代码，通常由机械和焊接工程师完成，但是在操作换热器时，有几个基本的操作要点要记住，尤其是在以下情况下温度变化很大时：

①热膨胀。金属具有膨胀系数，会随着温度的上升或下降而伸长或者收缩。因为金属通常通过焊接连接，温度变化太快，可能会产生足够的力使焊缝破裂。

②结垢。换热器外壳表面会被弄脏或在管子上形成涂层，这是由于多种原因造成的，包括污染、液流中的杂质和来自过程中产生的腐蚀产物以及换热器内的流体与材料的结合。

③液体的放置。在特殊条件时，我们可能想要流体要么在壳侧，要么在管侧：

a. 壳侧的压降通常较低，因此要考虑流动压力的限制。

b. 清洗管子比拆开组件容易，所以如果预计会发生结垢，最好将这种液体放在管侧。

④制冷机压力增加。如果使用制冷剂（如氨）时，必须记住冷液体会蒸发并产生压力，所以在维护程序中，务必记住热交换器可以变成压力容器，但实际设计中往往这类换热器并没有被设计成压力容器。

⑤泄漏。在某个时间点，交换器会在外壳和管侧之间泄漏。这不是一个是否会存在的问题，而是什么时候发生的问题。这就要求我们想想这个事件的后果。我们想要哪种液体泄漏？管还是壳？从反应性化学物质、产品污染物及环境释放的角度考虑，后果都是什么？

8.9　清洁热交换器

所有热交换器，无论设计或服务类型如何，都需要清洁。清洁有许多方法：首先，机械清洗，管子里的废物可以用机械"撬"出来，废物也可以妥善处理。第二，超高压水射流清洗，但必须保证高压不会引起设备造成其他破裂。提前进行高压水射流危险的教育培训也很重要，因为高压水流压力甚至可以切除手指和脚趾。第三，化学清洗，即采用一种缓蚀酸性溶液，在一段时间内会溶解腐蚀产物而不腐蚀基础钢金属。利用此方法处理酸液时，必须穿戴适当的安全设备。

8.10　辐射热传递

每个物体或人都会发出辐射能量，但在室温下，这种能量非常小，在正常的传热计算时可忽略不计。我们都很担心夏天被晒伤，因为太阳在超过 9000 万英里的地方发出辐射。即使在这么远的距离，极高的温度使得这成为一种严重的传热问题。

在现实世界中，辐射热的温度超过 1000℃ 时是一个重要的、需要考虑的数值。例如在烃裂解炉和炭黑厂，在高温烃裂解炉中，高分子量碳氢化合物被"裂解"成更轻、更有价值的物质，如汽油、乙烯、丙烷、柴油和芳烃，这就需要我们考虑熔炉需要何种高温绝缘材料和需要最终清洗的管道的渗碳。

8.11　高温传输流体

在一些工艺中，需要将材料加热到 300~600℃。如果用蒸汽加热，那么需要极高压力的蒸汽，通常超过常规锅炉的能力。有些有机化合物在高温下的蒸汽压较低，一些制造商多年来一直在开发满足需求的有机化合物。这些化合物通常是沸点非常低、黏度很低的有机流体，允许它们在非常高的温度下以非常低的温度提供热量输入，比蒸汽提供的压力要高。这类液体一般是矿物油或二苯基氧化物，但许多都有专利配方。由于这些流体通常是有机液体，因此增加的火灾危险必须考虑。图 8.10 显示了这些流体的可用范围，数据来自一家制造商。

在一种极端情况下，流体会冻结；在另一种极端情况下，流体会冻结迅速分解。这些变体的化学合成和组成由制造商控制，以满足特定的客户需求。

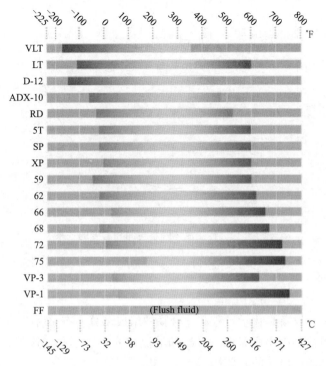

图 8.10　传热流体的热范围

由于这些流体是有机物，它们会随着时间的推移慢慢分解氧化或热分解，这些都由客户和供应商监控。在某个时刻，将不得不进行处理和替换。这些流体的分解在传热过程中表现为结块，如图 8.11 所示。

图 8.11　被分解的传热流体堵塞的管道

在实践中，供应商与用户一起开发一个采样过程系统来测量降解率，在适当的时候，流体将被冲洗和更换（图 8.12）。与蒸汽不同的是，几乎所有这些流体在不同程度上都是易燃的，这就要求这些液体的使用者具有现场消防安全措施作为他们整体安全计划的一部分。

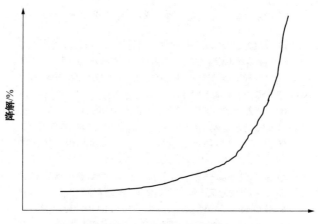

图 8.12　传热流体降解时间和温度的关系

8.12　结语

传热和传热设备是化学过程和化合物的组成部分。有多种类型的设备在基本传热方程下运行，由于所需加热或冷却的流体的性质不同，这些设备各有优劣，同时还要考虑设备清洁的必要性。

咖啡酿造：热传递

跟着化学工程原理的思路回到咖啡酿造中。要用冷水煮咖啡吗？如果我们愿意喝冰咖啡，也许会喝真的很冷的水，但一般我们是用普通的热咖啡，这就需要加热水，我们该怎么做？通过使用 $U = QA\Delta T$ 方程。U 是什么？想加热多少水？起始温度是多少？我们希望它有多热？ΔT 是多少？加多少水？我们决定要酿造多少杯的时候，我们就要决定好水的量。哪里是咖啡壶内部的传热区域？我们真的不知道！因为咖啡机在制造时就已经确定了这一数据。

"热板"呢？热板通过它的表面积维持一个温度。我们稍后将讨论蒸发器，这就是热板；当它保持一定温度时，水会蒸发，浓缩咖啡，并提供热量输入，这导致咖啡风味成分降解成不那么美味的物质（包括醛）。这与前面讨论的动力学速率没有什么不同。在家中酿造咖啡又是什么样呢？一个没有热板的密封真空接收器，虽然还有一些降解在继续，但它的速率较低，因为没有恒定的热量输入。

你的咖啡杯呢？它可以是一个简单的杯子（它会以 $Q = UA\Delta T$ 的速度失去热量），这有什么影响？杯子的面积是多少？温度是多少？咖啡和房间的温度差是多少？杯壁的热阻是多少？添加冷霜是否会影响初始温度？多少钱？糖多少

钱？在办公室里有用保温杯架和小热板来尽量减少这种情况的实际操作，请继续保持思考这个过程！

问题讨论

1. 你参与的过程或领域的热平衡是什么？它是由在线过程控制计算机计算的吗？如果是的话，有哪些方面可能会导致计算错误的操作？

2. 你有整个过程中的热性能数据吗？什么情况会导致流程超出此范围？是不是考虑了热特性？

3. 如果进入反应器的进料温度升高，会发生什么？

4. 如果进料温度下降，会发生什么？

5. 如果你使用高温传热流体，你知道它们的分解点是多少吗？多久取样一次？如果生产线完全堵塞，你有足够的防火措施吗？现场防火措施还是场外防火措施？

6. 如果你使用管壳式换热器，它会朝哪个方向发展？泄漏？壳到管？管到壳？当一种流体污染另一种流体时会发生什么？安全问题？质量问题？活性化学品问题？

7. 如果你在换热器中一侧使用制冷剂或其他压力流体，如果压力下液体的出口流被堵塞会发生什么？交换器是否设计用于处理压力流体？在这种情况下，能量平衡是什么样子的？有多少热量进入？换热器的另一侧升温的速度有多快？能达到什么压力？有环境问题吗？

8. 你是如何决定热交换器设备并设计的？是否需要技术上的改变？

9. 你使用的液体来源是什么？它可靠吗？如果它的流动停止了，会发生什么情况？液体的温度和压力如何影响热交换器的运行？

复习题(答案见附录)

1. 一个过程或一件设备周围的能量平衡需要所有知识，除了_____。
A. 流入和流出的流速和温度　　　B. 供给容器的泵的速度
C. 任何反应产生的热量　　　　　D. 流入和流出物流的热容量

2. 热传递的三种方法除了_____。
A. 传导　　　　　　　　　　　　B. 对流
C. 回旋　　　　　　　　　　　　D. 辐射

3. 传导是指热量移动_____。
A. 增加　　　　　　　　　　　　B. 降低
C. 持平　　　　　　　　　　　　D. 通过

4. 对流传热是指热量移动_____。

A. 大量流动 B. 仅作为对流的函数

C. 靠自己 D. 以上都不是

5. 影响热传递速率的5个变量是_____。

A. 流量 B. 流体的物理性质

C. 传热区域或体积内的湍流 D. 所有上述情况

6. 如果管径增加并且所有其他变量保持不变，传热速率_____。

A. 将会增加 B. 将会减少

C. 将保持不变 D. 没有更多的信息

7. 如果壳侧流体的黏度增加，传热速率_____。

A. 将会增加 B. 将会减少

C. 将保持不变 D 没有更多的信息

8. 公用工程液体为_____。

A. 这种液体成本较低，因为它可以做任何事情

B. 一种可以向任一方向移动的流体

C. 热交换器中的非过程流体

D. 是一种流体的工具

9. 总传热系数包括_____传热阻力。

A. 管壁 B. 壳侧的阻挡层

C. 管侧的阻挡层 D. 所有上述情况

10. 换热器的10个设计问题包括除以下_____以外的所有问题。

A. 需要的区域 B．对流体的耐腐蚀性

C．泄漏可能性 D. 设计时美元对欧元的转换

11. 风冷换热器的主要设计限制是_____。

A. 风扇转速 B. 离河流或湖泊的距离

C. 外部空气的温度 D. 承包商提升或降低换热器的能力

12. 热交换器上的污垢和结垢可由以下_____原因引起。

A. 硬水盐的沉积 B. 热交换器材料的柔软度

C. 使用蒸馏水作为冷却剂 D. 维护不善

13. 辐射传热可能是以下_____方面的一个重要问题。

A. 休斯顿一家化工厂工作时晒伤了 B. 红色或黄色的化学物质

C. 多云天气热传递不足 D. 石油和石化工业中的高温加工

14. 在以下_____情况下使用高温传热流体。

A. 冷的流体无法得到 B. 有必要在高温低压下传热

C. 热水不可用

D. 工厂经理拥有一家生产和销售股票的公司的股份

15. 以下是高温传热流体的缺点，除了_____。

A. 易燃性

B. 退化和需要重新充电

C. 工艺流体的潜在化学暴露

D. 在低压下传递高温热量的能力

参考文献

Arsenault, G. (2008) "Safe Handling of Heat Transfer Fluids" *Chemical Engineering Progress*, 3, pp. 42–47.

Beain, A.; Heidari, J. and Gamble, C. (2001) "Properly Clean Out Your Organic Heat Transfer System" *Chemical Engineering Progress*, 5, pp. 74–77.

Bennett, C.; Kistler, R. and Lestina, T. (2007) "Improving Heat Exchanger Designs" *Chemical Engineering Progress*, 4, pp. 40–45.

Beteta, O. (2015) "Cool Down with Liquid Nitrogen" *Chemical Engineering Progress*, 9, pp. 30–35.

Bouhairie, S. (2012) "Selecting Baffles for Shell and Tube Heat Exchangers" *Chemical Engineering Progress*, 2, pp. 27–32.

Chu, C. (2005) "Improved Heat Transfer Predictions for Air Cooled Heat Exchangers" *Chemical Engineering Progress*, 11, pp. 46–48.

Gamble, C. (2006) "Cost Management in Heat Transfer Fluid Systems" *Chemical Engineering Progress*, 7, pp. 22–26.

Garvin, J. (2002) "Determine Liquid Specific Heat for Organic Compounds" *Chemical Engineering Progress*, 5, pp. 48–50.

Krishna, K.; Rogers, W. and Mannan, M.S. (2005) "Consider Aerosol Formation When Selecting Heat Transfer Fluids" *Chemical Engineering Progress*, 7, pp. 25–28.

Laval, A. and Polley, G. (2002) "Designing Plate-and-Frame Heat Exchangers" (3 part series), *Chemical Engineering Progress*, 9, pp. 32–37; 10, pp. 48–51, and 11, pp. 46–51.

Lestina, T. (2011) "Selecting a Heat Exchanger Shell" *Chemical Engineering Progress*, 6, pp. 35–38.

Nasr, M. and Polley, G. (2002) "Should You Use Enhanced Tubes?" *Chemical Engineering Progress*, 4, pp. 44–50.

Schilling, R. (2012) "Selecting Tube Inserts for Shell and Tube Design" *Chemical Engineering Progress*, 9, pp. 19–25.

第9章　反应性化学物质

本章介绍产生热量的化学反应的反应性和热量控制相关的问题，如果在设计中考虑不当，会造成生命和财产损失。有许多性质不稳定的化学物质家族（即过氧化物），必须储存在制冷系统中，为制冷系统提供备用电源很重要。对于氧化和还原气体的分离，气缸也是最大限度地减少这些类型的材料相互作用的常见做法。这些物质相互作用，会产生大量能量释放。已知有害副产物降解速率的化学品必须定期进行监控，尤其是在不了解其储存条件的情况下。

化学工程中最重要的是在材料加工过程中产生的不受控制能量释放的安全和操作问题。它涉及冷却以释放能量和放热化学反应、混合或降解过程的平衡。前文已经讨论了这一领域的两个关键方面——动力学和热传递，一个是温度的对数函数（动力学，$k = Ae^{-E/RT}$），另一个是线性函数（$Q = UA\Delta T$）。典型的速率表达式如图 9.1 所示。

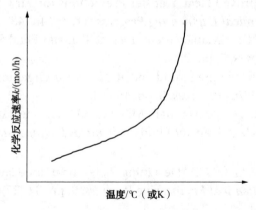

图 9.1　化学反应速率与温度的关系

如果在图 9.1 上面叠加一条热传递（线性函数）线，就得到图 9.2。当反应产生能量的速率大于系统的散热能力，就会发生失控的化学反应。对于任何放热化学物质来说，这一点对任何反应系统都是绝对关键的，必须认真考虑如何将达到这一点的可能性降至最低，如何监控和关闭原料，如何提供辅助冷却或其他方法来最小化后果。

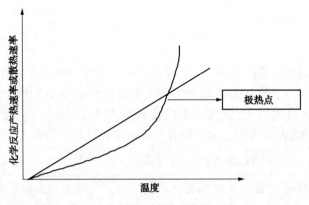

图 9.2　失控反应点

这些曲线的形状，以及它们对温度和其他工艺条件的关于动力学/反应工程和热传递的响应已经在第 4 章和第 8 章中介绍过了。反应性化学分析包括对所处理化学品的性质的全面了解，以及动力学和热传递的整合。这种知识可以用于设计适当的备用公用事业用品和控制系统，以确保系统需要时适当地关闭放热反应的进料。对于这一主题，可以观看化学安全委员会有关佛罗里达州杰克逊维尔发生的 t-2 爆炸：

http://www.csb.gov/t2-laboratories-inc-reactive-chemical-explosion/

在这种情况下，除了不了解一般危险之外，这种已知的放热化学反应的规模扩大到越来越大的反应量，使系统沿着曲线移动，如图 9.2 所示。冷却能力受到反应器夹套加热区域和冷却水温度的限制。随着反应规模的增加，产生的热量超出了除热系统的能力，导致压力过大并释放氢气(一种反应副产物)。

在过去几十年中，化学工业中发生了许多化学反应事件，皆由以下一种或多种原因导致：

①反应速率及其随工艺条件变化的数据不足；

②传热面积不足以除去放热化学制品的热量，特别是超出正常操作条件的反应；

③缺乏备用冷却水供应，特别是如果一次冷却水来自公用设施；

④缺乏已知信息与工厂的操作人员进行沟通；

⑤当控制进料、压力或冷却的主要方法失效时，保护层数量不足；

⑥多次装料；

⑦机械冲击或冷热的极端；

⑧未知的副反应；

⑨搅拌或混合不足或突然丧失；

⑩摩擦和冲击。

结语

本章篇幅较短，但很重要。它是化学、化学工程和机械工程的交叉点。对这一主题缺乏全面的了解是造成化学工业中的许多伤亡事故和巨大财产损失的原因。本章的主题应成为全面的安全和损失预防计划的核心。它们经常包括在大多数 HAZOP 和 FMEA 评审中，如果没有，建议单独进行重点审查。

咖啡酿造：一种潜在的化学反应过程？

因为我们不是在做一个经典意义上的反应，对这个问题的简短回答可能是不。然而如果从化学工程师的角度，我们可能会问一些问题。如果水溢出，你的厨房内有什么东西会发生化学反应吗？它会使电路短路吗？我们通常毫无思考地把用过的废物顺着水槽排下去，可能有什么东西在里面，它能与水槽或排水管发生反应(以前有人留下的)，大多数时候，我们的水槽下面还有一台废研磨机。它正在输入研磨能量，那能量去哪里了？它能通过它的发热引起反应吗？你可能会放入奶油、人造奶油、调料奶油、糖、糖的替代品(什么样的？)等，有发生化学反应的可能性吗？

问题讨论

1. 对于放热反应，放热量是反应温度的函数吗？在反应中，化学计量的变化是如何影响放热量的？

2. 反应中的"失控点"或"无回报点"是否已明确定义？

3. 除了化学计量，还有哪些变量会影响它？如何测量？

4. 对于可能发生的失控事件，有什么应急计划？

5. 如果反应产生气体，它会从哪里排出？这会引起更多的关注吗？

6. 搅拌或混合的潜在损失如何影响反应速率和散热速率？有多少层保护是合适的？

7. 是否对该过程进行了正规的反应性化学品审查？什么时候进行？审查后有什么变化？

8. 如果过程中的冷却介质是由公用事业公司提供的，其损失会有什么影响？工厂与公用事业供应商之间是如何沟通的？

9. 还有哪些其他公用事业损失会导致反应性化学物质释放？空气？电？备份计划是什么？需要多少层保护计划？

10. 是否所有已知的反应性化学物质信息都已告知所有制造厂的员工？

11. 对于吸热反应，能量损失的后果是什么？如果反应继续进行，能量如何输入？

复习题(答案见附录)

1. 反应性化学品审查始于对以下_____内容的理解。

A. 管理层对安全事故的反应如何

B. 上季度反应性化学品事件审查总结

C. 所有被处理化学品的化学稳定性

D. 改变气瓶储存条件的成本

2. 反应性化学品分析将包括除以下_____以外的所有内容。

A. 管理层对化学反应事件的反应

B. 冲击敏感性

C. 温度敏感性

D. 加工过程中产生的热量

3. 当考虑放热反应中反应性化学物质的潜力时，关键考虑_____。

A. 冷却与加热的成本

B. 泄压装置和超压反应器环境许可证的费用

C. 发热率与所需冷却率的关系

D. 加工成本可能增加

4. 动力学和热传递之间存在基本冲突的原因是传热是线性函数，动力学或反应速率通常是_____。

A. 温度对数   B. 与压力成反比

C. 取决于反应器中的停留时间   D. 随进料比的平方根而变化

5. 反应器温度上升将_____。

A. 增加反应器的散热速度   B. 提高任何化学反应的发生率

C. 降低反应器中液体的黏度，增加热量转移率

D. 所有上述情况

6. 化学反应器中使用的体积增加会对化学反应事件的可能性有什么影响?

A. 无   B. 使系统不那么敏感

C. 使系统更加敏感   D. 需要更多信息来回答

7. 反应器内的温度下降将_____反应器运行的可能性。

A. 增加   B. 减少

C. 没有区别   D. 需要更多信息

8. 仓库中材料储存不当可能是反应性化学品事故的来源，如果_____。

A. 湿和敏感性材料储存在漏水的屋顶下

B. 氧化剂和还原剂彼此相邻储存

C. 超过了已知的化合物稳定性时限

D. 上述任何一项或全部

参考文献

Baybutt, P. (2015) "Consider Chemical Reactivity in Process Hazard Analysis" *Chemical Engineering Progress* 1, pp. 25–31.

Chastain, J.; Doerr, W.; Berger, S. and Lodal, P. (2005) "Avoid Chemical Reactivity Incidents in Warehouses" *Chemical Engineering Progress* 2, pp. 35–39.

Crowl, D. and Keith, J. (2013)"Characterize Reactive Chemicals with Calorimetry" *Chemical Engineering Progress* 7, pp. 26–33.

Johnson, R. and Lodal, P. (2003) "Screen Your Facilities for Chemical Reactivity Hazards" *Chemical Engineering Progress* 8, pp. 50–58.

Lieu, Y-S.; Rogers, W. and Mannan, M. (2006) "Screening Reactive Chemicals Hazards" *Chemical Engineering Progress* 5, pp. 41–47.

Murphy, J. and Holmstrom, D. (2004) "Understanding Reactive Chemical Incidents" *Chemical Engineering Progress* 3, pp. 31–33.

Richardson, K. (2015) "Tool Helps Predict Reactivity Hazards" *Chemical Engineering Progress* 4, p. 21.

Saraf, S.; Rogers, W. and Mannan, M.S. (2004) "Classifying Reactive Chemicals" *Chemical Engineering Progress* 3, pp. 34–37.

第10章 蒸　馏

在所有讨论的装置操作中，蒸馏是最独特的化学工程。它是石油和石化行业中使用最广泛的单元操作。在化学过程中，不同成分的液体必须分离，溶剂必须回收，原料如原油和天然气、液体必须分离成有用的成分以便进一步处理。

蒸馏的基本概念非常简单，它是一种基于在不同压力下沸点和蒸汽压的不同而把液体分离成两种或多种液体的分离方法。每一种液体在给定压力下都有沸点，例如，水在大气压下在100℃沸腾；而在0~100℃之间，水的蒸汽压随着温度的上升不断增加，直到等于大气压力，此时开始沸腾。在这一过程中，温度是压力的函数。每种液体都有一条蒸汽压曲线，显示了液体的蒸汽压及其温度。图10.1显示了许多不同液体化合物的蒸汽压力曲线。平常所说的沸点通常指大气压下的沸点。压力会影响液体的沸点。

水的蒸汽压曲线数据如图10.2所示。图中的物理特性可以是水，也可以是其他液体。水有所谓的"三相点"，在这个温度下，三相(固体、液体和气体)可以共存。"临界点"是指材料的蒸汽压下未凝结的温度。

图10.3显示了乙醇(C_2H_5OH)在大气压下蒸汽压数据。因为蒸汽压和沸点有差异，所以可以设想，能够用蒸馏来分离这两种物质。怎么做呢？因为曲线的形状不同，沸点也不同[乙醇在比水(100℃)在更低的温度下(78℃)沸腾]，可以知道，如果把乙醇和水的混合物加热，上部蒸气比水含有更多的乙醇。将蒸气混合物冷凝，会得到乙醇浓度比开始时高的液体混合物。如果再煮一次这种混合物，塔顶蒸气会更加富含乙醇。冷凝和再沸腾将继续，几乎纯的乙醇会蒸发到塔顶物流中。相反，剩余的液体富含水(即更高的浓度)，最终产生几乎纯净的水流。这是蒸馏的基本概念——沸腾，浓缩；煮沸、冷凝；沸腾、冷凝等。多次之后，就可生产出几乎纯的较低沸点的塔顶物流和几乎纯的较高沸点组分的底部物流作为"残留物"的成分。在理论上，两种沸点不同的液体都可以通过蒸馏来分离，但在实践中却不可行。

蒸馏过程(能量输入没有显示，只是浓度变化)如图10.4所示。

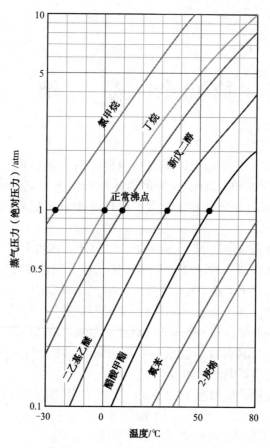

图 10.1　有机化合物的沸点

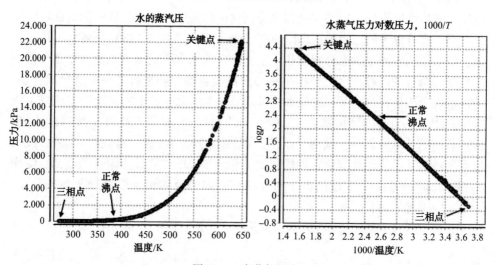

图 10.2　水蒸气压力

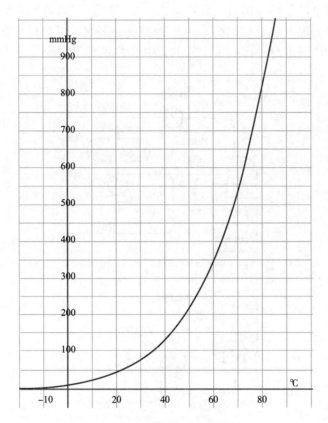

图 10.3 乙醇蒸汽压和温度的关系

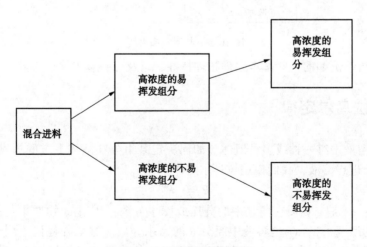

图 10.4 蒸发和冷凝过程

为了使这个过程切实可行，需要不止一个"阶段"，需要冷凝更多的更高浓度的塔顶蒸汽、再次浓缩(液化)、再沸腾等反复多次，以获得目标纯度。该过程在一个蒸馏塔中进行，在一个工艺单元中合并了蒸发和冷凝过程，如图10.5所示。

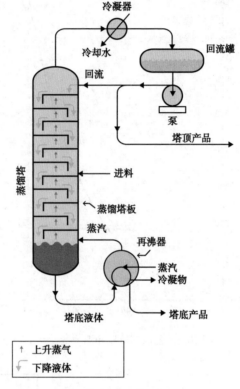

图 10.5　典型蒸馏系统

下面讨论蒸馏的一些基本原理物理特性，以及一些基本设计参数。

10.1　拉乌尔定律

假设溶液中有一种或多种液体，如何决定某组分在液体上方的挥发度(蒸汽压)？对于理想溶液，我们使用拉乌尔定律：

$$P_a = x_a P^0$$

式中：P_a 是 a 物质在蒸气中的分压或摩尔分数；P^0 是 a 物质本身的蒸汽压(在关注的温度下)；x_a 是溶液中组分 a 的摩尔分数。这个方程仅适用于理想溶液(即碳氢化合物混合物)，不适用于具有显著的分子相互作用(醇、醛、酮等)溶液。在许多情况下，数据必须通过实验室实测或文献查找。

不管解决方案是否理想，沸腾时的组分分压之和，必须等于系统的总压力。如果总和不相等，则浓度、温度或压力的测量数据就不准确。

对于不溶性液体，如 CCl_4 和水，该原理仍然适用，分压之和必须等于系统中的总压力。对于一个三组分系统，可以在图 10.6 中看到拉乌尔定律（不管解是否理想，这个方程都是有效的）。

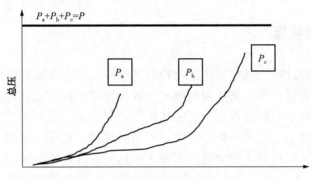

图 10.6　拉乌尔定律：总压 = 组分分压之和

另一种表达方式是，当混合物或溶液中所有组分压力之和等于总压力时，系统会沸腾。系统总压力对沸腾温度有很大影响。

我们用来描述挥发性液体系统的其他一些术语如下：

①挥发度：是混合物中组分分压的比率除以其在液体中的摩尔分数。表达如下：

$$V_a = \frac{P_a}{X_a}$$

式中：V_a 是化合物 a 的挥发度。

②相对挥发度 α：是一个组分与另一个组分的挥发度之比，也是衡量混合物蒸馏分离难度的关键指标之一。这个值告诉我们蒸馏分离有多困难。如果 α 低，化合物的挥发性没有太大差别，蒸馏分离将是昂贵的，但不一定是不可能的；如果 α 高，那么蒸馏将是一个经济的选择，涉及较少的塔板（较低的柱子）和较少的能量。

给定化合物的挥发性曲线如图 10.7 所示，其中 y 是组分在气相中的摩尔分数对液相中的摩尔分数。

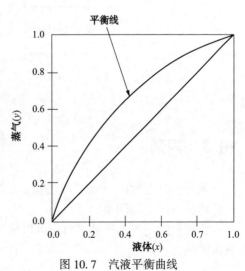

图 10.7　汽液平衡曲线

图中的 45°线只是一条参考线，显示 y 和 x 的位置具有相同的值。平衡线和参考线之间的距离越大，化合物的挥发性(y/x)越大。如果我们回到蒸馏的原始描述(沸腾、冷凝；沸腾，浓缩；沸腾、冷凝)，可以想象一些设备利用挥发度的差异以提高高挥发性组分的纯度，同时提高低挥发性组分的浓度。

10.2 间歇蒸馏

间歇蒸馏的过程，其中液体混合物的进料装入具有供热装置(线圈或护套)的容器中。作为热量混合物的温度越高，挥发性越强的组分就会以更大的浓度进入蒸气混合物中。随着挥发性更强的组分蒸馏出来，在装料容器中，挥发性较低的组分浓度也会减少，降低了塔顶产品的纯度。在某个时刻，塔顶产品的规格将低于需要的规格，则蒸馏需要停止。这种蒸馏经常被使用从间歇反应过程中除去溶剂(如果溶剂是唯一要用到的材料，这种类型的操作一般称为蒸发器，将在后面讨论)。塔顶蒸汽在冷凝器/热交换器被冷凝中。间歇蒸馏如图 10.8 所示。这个过程仅为一级"沸腾/冷凝"，因此只适用于相对挥发度较大的系统。

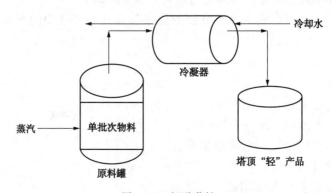

图 10.8 间歇蒸馏

10.3 闪蒸

这是一个连续的一级蒸馏过程。进料是连续的，产品移除(顶部和底部)都是连续进行的，如图 10.9 所示。

这种连续一级闪蒸的进料也可以预热，在这两种情况下，也可利用来真空降低溶液的沸点。

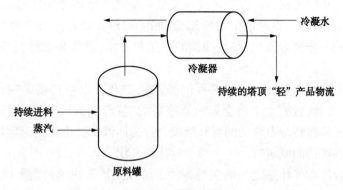

图 10.9 持续闪蒸

10.4 连续多级蒸馏

蒸馏塔的工艺流程如图 10.10 所示。

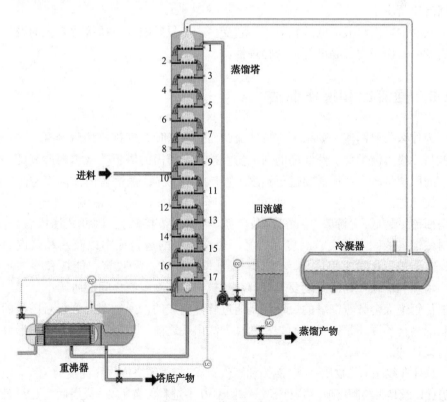

图 10.10 传统蒸馏工艺

从图 10.10 中可见，包含许多设计变量：蒸汽和液体之间接触的方法（如筛板），塔的内部构件，返回塔中的回流量（除了回流，没有方法产生"冷凝"机制来实现不止一个分离阶段），热交换器的性质和尺寸（顶部和底部），以及塔的高度和直径。

①返回塔的回流量，以提供必要的"冷凝"过程，也将直接影响在塔底部重新沸腾的量。回流量的大小将会影响蒸馏塔的"操作曲线"，这条线显示液体和气体在塔中的任何特定点流动的实际组成，称为回流比，也就是返回塔上的物质的摩尔数除以产物的摩尔数。下一节中将详细介绍。

②塔中液体和气体流之间的接触方法。可以是塔盘或填料（图 10.10 显示了特定的类型）。填料材料可以是陶瓷、塑料或插入柱内的结构。

③塔顶部和底部所需的热交换器的性质。一个是冷凝器（在顶部，产生产品并产生回流），另一个是再沸器（在冷凝前提供沸腾混合物的能量）。

④蒸馏塔直径。它受液体和蒸汽的流速、密度及黏度以及液/气流速比的影响。

⑤蒸馏塔高度。该参数主要由蒸馏物质的相对挥发度、塔顶或塔底液流纯度和回流比所决定。

⑥蒸馏塔内汽液流的接触效率。它受多个变量影响，包括接触系统的设计以及密度、表面张力、黏度等汽液物理性质。

10.5 回流比和操作曲线

为什么需要回流？如果不进行回流，而是将塔顶蒸气排放然后冷凝，这一过程就与一级蒸馏类似。蒸馏塔的回流量直接决定所需的塔板数或填料层高度。蒸馏塔的回流量越多，就需要进行更多次"沸腾/冷凝"，蒸馏塔所需高度越小。同时，流速越高，蒸馏塔的直径就越大，压降也越大（高速气/液流＝高压降）。蒸馏塔回流量越低，"沸腾/冷凝"次数就越少（每一级接触），因此蒸馏塔就越高。针对蒸馏塔的固定投资、高度和直径、热交换器的运行成本以及水和蒸汽的使用，需要进行化学工程优化。蒸馏塔设计取决于成本和投资、能耗和冷却水使用、塔顶和塔顶产物的纯度要求以及对建筑内的高度限制之间的协调。

尽管绝大多数蒸馏塔的设计都是通过软件完成的，通过图形分析对塔内的运行状况进行预测还是很重要的，在软件方法出现之前，蒸馏塔就是通过图形分析进行设计的。

操作曲线展示了物质平衡（液体和蒸汽组成）与蒸馏塔内物料高度的关系。塔内回流比以及是否绘制塔顶（精馏）部分（图 10.10 中进料位置上方）或塔底（汽提）部分（图 10.10 进料位置下方）都会导致操作曲线的斜度发生变化，如图 10.11 所示。

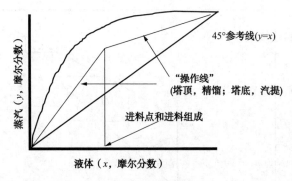

图 10.11　蒸馏

上侧的操作线是进料点上方和进入蒸馏塔以及塔顶产物的物料平衡线，下侧的操作线是进料和塔底产物之间的物料平衡。这两条操作线的斜度及相交位置由回流量、塔底重沸蒸汽速率以及蒸馏塔进料温度所决定。两条线的交汇处是蒸馏塔的进料位置。如果蒸馏塔以全回流状态运行（所有产物返回蒸馏塔），两条操作线朝 45°参考线向下移动，直到两线相交。操作线与汽-液平衡线之间的距离与满足塔顶产物纯度要求所需的级数（沸腾/冷凝）以及塔底物料组成相关。

分离丙酮和乙醇的蒸馏塔如图 10.12 所示。这类图被称为 McCabe-Thiele 图，是观察蒸馏塔内部状况的最佳方法。

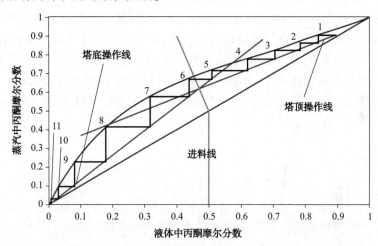

图 10.12　丙酮-乙醇蒸馏图（McCabe-Thiele 图）

另一方面，我们可以大幅提高回流量，从而尽可能减少塔板数、降低蒸馏塔高度。但这样一来，能耗会增加，蒸馏塔直径也需扩大，如图 10.13 所示。

蒸馏塔的设计在操作成本和投资之间的折中方案有多种选择。需要基于用户考虑的成本因素。

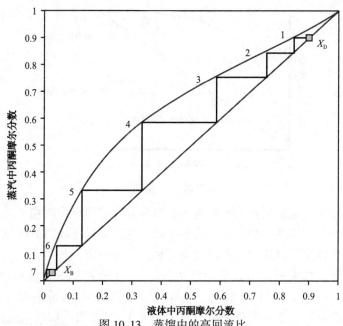

图 10.13　蒸馏中的高回流比

　　极端的情况是塔顶产物全部回流至塔中。这种情况多发生在蒸馏塔进行开工测试时，可以告诉我们在相同压力下蒸馏塔可以达到的最佳性能。这种操作条件将汽-液平衡曲线以及"操作曲线"之间的距离拉到最大，显示出蒸馏塔内任意一级或塔板内的组成。在全回流的情况下，操作曲线与 45°参考线完全重合。

　　对回流比和蒸馏塔高度(接触设备数或填料层量)的优化如图 10.14 所示。该图中的曲线两端分别代表了分离操作的最小回流比(在最大塔板数时)以及所需最少塔板数。曲线的形状与本单元开始讨论过的相对挥发度(α)有很大的关系。

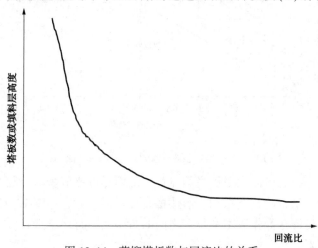

图 10.14　蒸馏塔板数与回流比的关系

10.6　夹点

在蒸馏塔设计中，低回流极值情况下存在一个很有趣的限制。如果回流比足够低，操作/物料平衡线将与汽-液平衡曲线相交，如图 10.15 所示。在这种情况下，由于不存在组成差异导致的驱动力，蒸馏塔不会发生分离或组成上的变化。从设计角度看回流比、L/V 比、汽-液平衡数据以及塔板数(填料层高度)会相互关联、相互作用。

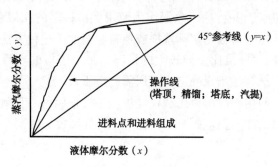

图 10.15　蒸馏夹点

塔底和塔顶操作线的交叉点位于蒸汽平衡线上，从而消除了分离的驱动力。图 10.15 代表了全回流的相反情况，在这种情况下没有足够的物料回流到塔中提供操作线和汽-液平衡线之间的驱动力。蒸馏塔无法像全回流条件一样运行(但在最低能耗和水耗下冷凝)，不产生任何产物，蒸馏塔高度最小。

10.7　进料板位置

最好通过计算蒸馏塔运行时的组成来确定进料位置。从而可以降低进料"再平衡"的能耗和固定成本。

10.8　蒸馏塔内部结构和效率

在之前的讨论中都假定如果在设计图中画出了多少个塔板，就安装多少个塔板。但实际情况并非如此。在汽液逆流接触时，其接触效率受多个工艺和特性变量的影响。

①物理性质。气体和液体的密度和黏度的差异会影响气体和液体在塔板或填料床的空隙中的混合效率和混合程度。受温度梯度(之前讨论过温度对黏度的影响)的影响，蒸馏塔内部从上到下物理性质变化很大。蒸馏塔内部从上到下的气

液之间的密度差异也会影响混合和平衡速度。之前的设计图均假设从上一级到下一级接触前会达到完全平衡状态。

②蒸馏塔内部结构。我们可以假设气液之间完全接触来指定塔板数或填料层高度，但存在多个不可行因素，包括污染物堵塞塔盘或塔板上的孔洞以及对水路或气路的流量限制。还有配套设备托盘和填料发生缓慢老化的问题。

③蒸馏塔效率测算。对蒸馏塔效率的测算可采用多个方法。第一种方法是全塔效率。我们在中试装置中进行实际测量，并与之前通过计算得出的性能数据进行比较。举例来说，如果设计图或计算显示需要 7 个塔板而实际上需要 10 个，那么全塔效率为 70%，并将这一数据作为使用类似材料的相似系统的设计参数。另一种方法是确定每个塔板的实际效率或填料层高度。这种方法适用于整个蒸馏塔内的密度、黏度、气/液比差异较大的情况。每个塔板的实际效率即墨菲板效率，与蒸馏塔高度结合使用来确定实际所需的塔板数。

之前提到可以使用松散填料层替代塔板，需要采用另一种效率测算方法，即理论板当量高度(HETP)。这种方法中填料层的英尺数 x 等同于单个塔板的接触程度。

10.9 特殊蒸馏法

①蒸汽蒸馏。某些情况下塔顶产物在低于其沸点的情况下会发生分解。如果产物不是水溶性的，就可以引入蒸汽作为稀释剂，人为降低其沸点。

②减压蒸馏。在减压条件下进行蒸馏操作会降低塔内的沸点和蒸汽压。减压蒸馏与蒸汽蒸馏效果相同，但使用蒸汽的能耗和投资成本会增加，还需要将产物与塔顶蒸汽分离，蒸汽管线系统规模变大，成本也更高。减压蒸馏的成本也要高于常压或加压蒸馏。

③共沸物和共沸蒸馏。共沸物大多被认为会阻碍获得高纯度物质，但如果共沸物可提取出不需要的成分(如加入苯到 95% 的乙醇/水共沸物中)到一定程度，就可以得到所需纯度的产物。在一张典型的汽-液平衡图中，两种液体的曲线如图 10.16 所示。

当液体组分之间发生强分子相互作用时会发生共沸，在共沸情况下沸腾蒸汽与液体的浓度相同。极性化合物的组合(水、醇、酮、醛)最有可能发生这种现象。对一般烃类最好不要进行预设，需要在现有文献中查找共沸物组成。当发生共沸时，组成上不会再发生变化，超出共沸点后，由于液体和蒸汽的组成相同，可通过沸腾和冷凝改变组成。换句话说，在汽-液平衡图中的 y 和 x 值相同。

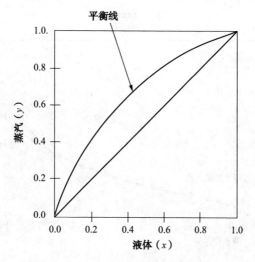

图 10.16　理想溶液的汽-液平衡

共沸物与拉乌尔定律偏差很大。这一偏差可能是"正"(全组分蒸汽压要大于拉乌尔定律的计算值)或"负"。如果拉乌尔定律以直线表示,共沸物如图 10.17 所示。

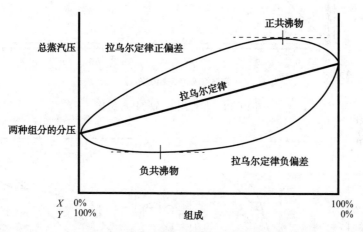

图 10.17　共沸物组成:正和负

丙醇-水共沸系统如图 10.18 所示。共沸物组成约为 70%(物质的量比)。类似的,乙醇和水的共沸物中乙醇占 95.5%(图 10.19)。最高共沸物的沸点要高于拉乌尔定律的预测值,而最低共沸物的沸点低于预测值。从共沸混合物和组成关系图可见。理想溶液计算的正偏差(高沸点)或负偏差(低沸点)如图 10.20 和图 10.21 所示。

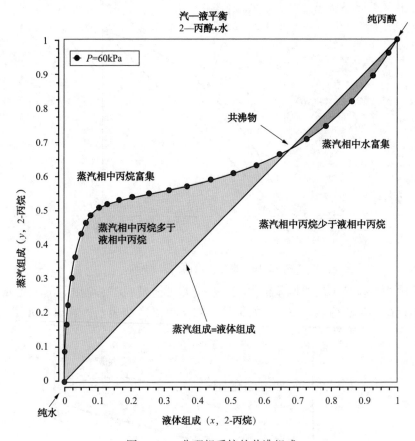

图 10.18 非理想系统的共沸组成

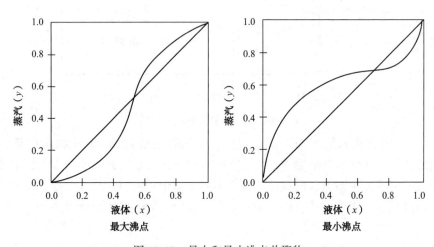

图 10.19 最大和最小沸点共聚物

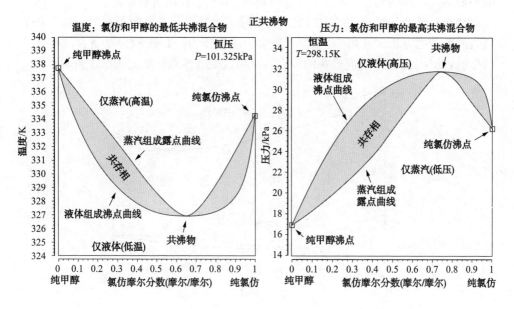

图 10.20　正共沸物 T-x-y 图

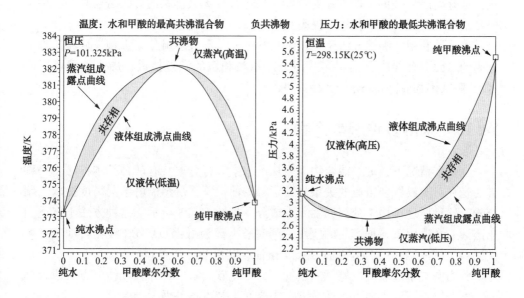

图 10.21　最低沸点共沸物 T-x-y 图

由于进一步改变浓度会增加成本和工艺复杂度，因此工业化产品如乙醇、硝酸一般都以共沸组成(分别为 95.5% 和 68%)形式进行出售和运输。

如果目标产品超出共沸物组成，当较轻的沸腾组分是限制因素时，有一种处理共沸系统的方法是在所谓"变压"蒸馏中改变压力。在这种情况下，改变压力(减压或加压)可以改变混合物的沸点，从而改变共沸点，如图 10.22 所示。

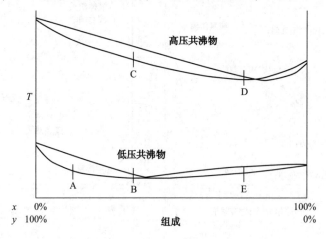

图 10.22　改变压力打破共沸

在工业上采用这种技术分离 95%/5% 水共沸物，压力从常压到 8atm 之间变化，可分离出 95% 的一般常压共沸物。另一种分离共沸物的方法是当其中一种组分是水时将盐加入水中，从而提高其沸点。

另一种利用共沸的方法是引入第三种组分，形成多组分共沸物，从而从难以分离的二元混合物中分离出某一组分。乙酸和水的沸点接近，加入乙醇可形成水/乙醇共沸物脱除水分，生成纯乙酸。

10.10　获得多种所需产物

在很多情况下，进料混合物需要从产物中进行分离。有两种基本方法。一种方法是在对蒸汽压和组成的关系足够了解的前提下，从蒸馏塔不同高度提取出副产物。这种原理可用于分离原油基本成分，如图 10.23 所示。这种方法不仅适用于蒸馏，还适用于各种产品的应用。蒸馏塔上部为低沸点组分(液化石油气、烃类原料、汽油)，底部为高沸点组分(柴油、润滑油、沥青等)。

分离空气生产氧气、氮气、氩气、二氧化碳、氦气等稀有气体的方法原理相同，不过操作温度为零下负几百度，需要在工艺设备外做大量保温。

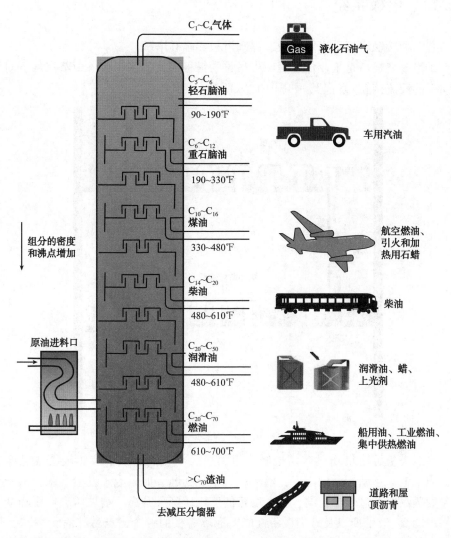

图 10.23　原油蒸馏

10.11　蒸馏塔内部结构和效率

不论哪种蒸馏方法，都需要确定接触方式和方法。之前已提到，没有统一的选择方法，而是需要考虑成本和进行蒸馏、分离和收集的液体和蒸汽等实际问题。接触可通过塔板或松散填料层来完成。

10.12　塔板系统

有三种接触塔板：泡罩塔板、浮阀塔板和筛孔塔板。

①泡罩塔板：是工业化使用历史最长的塔板形式，在蒸馏塔中蒸汽从下向上与向下的液流接触"发泡"，如图 10.24 所示。

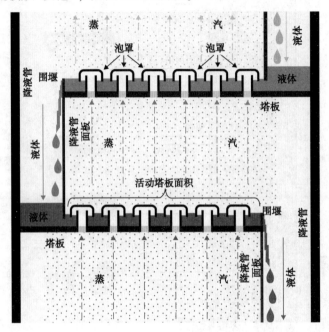

图 10.24　泡罩塔板

泡罩塔板可使得物料密切接触，但制造成本较高。如果液体较脏或黏度较高，泡罩上下浮动会受到阻碍，清洁成为主要问题。如果泡罩发生堵塞，由于相同量的蒸汽要穿过较少孔洞，整个塔板的蒸汽压降会升高。增加压力或压降会影响塔内的汽-液平衡以及外围设备性能。泡罩塔板的一个优点是其消除"滴漏"即塔板上的液体"漏到"下面塔板的能力。任何促进塔板间的混合的情况都抵消了蒸馏的目的，因为蒸馏是采用分级的方式分离蒸汽和液体。

②筛孔塔板：设计为有筛孔的塔板，可同时使下降的液体和上升蒸汽穿过同一筛孔，从而创造亲密接触的机会。筛孔塔板如图 10.25 所示，由于其成本较低、易于维护，已经成为化工行业的主力设备。筛孔塔板的主要操作问题是滴漏。由于没有像泡罩塔板中的机械屏障防止液体下流，塔板与塔板之间发生混合的可能性增加，从而降低了整个塔的分离效率。在运行速度较低的情况下，由于没有足够的蒸汽向上维持塔板上的液位，发生滴漏的可能性要大得多。

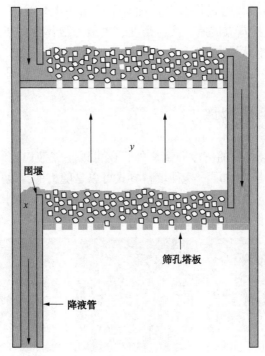

围堰

x

y

筛孔塔板

降液管

图 10.25　筛孔塔板

　　筛孔塔板的设计变量包括塔板之间的间距、围堰的高度、孔径以及降液管的几何结构。这些变量受气液性质(密度、黏度)、表面张力以及发泡趋势影响。导致塔板间发生混合的操作因素会抵消整个分离沸腾和冷凝组分的工艺过程。

　　③浮阀塔板:结合了泡罩塔板和筛孔塔板的特点。筛孔塔板的孔上有一种机械密封设施插入塔板,与泡罩功能相似,但制造成本要低很多,如图 10.26 所示。

图 10.26　浮阀塔板

"滴漏"会导致液体通过塔板开口漏到下层塔板上发生混合,受多种流体和工艺参数影响,包括蒸汽流速、液体密度、塔板上液体深度以及气液性质(如密度和黏度)之间的差异。

④穿流塔板:一般为角形设计,可使得气液穿过同一孔洞。

10.13 蒸馏用填料塔

除了采用气/液接触的离散分离之外,还可以将气液以连续的方式分别从上和从下通过塔的松散填料层。这种填料方式可以是随机的,也可以是规整的。随机填料包括拉希环、帕尔环、英特洛克斯™鞍形以及其他预制陶瓷、金属、和塑料形状等,如图 10.27 所示。

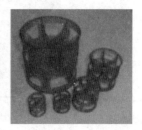

图 10.27 蒸馏塔填料

填料塔的优势如下:

①压降较低,较易对沸点接近的组分进行分离,不需要使用减压设备分离热敏物质,从而减少使用减压设备的费用。

②松散填料的制造原料结合防腐内衬使用,可更好控制腐蚀化工系统。

填料塔也存在一些缺点。由于表面积较大,塔内向下流动的液体受重力作用流向塔壁,因此有必要在塔内每隔 10~20ft 进行重新分布,将液体从塔壁收集然后重新分布到塔中。液体密度、黏度以及表面张力都对此有一定影响。其次,如

图 10.28 规整填料

果使用了陶瓷填料,在启动过程中,装运这种填料的箱子一定要通过绳索小心放下然后小心倒出。陶瓷很容易破碎,如果从高处掉下会洒落到塔底摔成碎片,堵塞塔底的支撑塔板,形成过高压降。

规整填料是将在塔直径范围内的固定形状的填料插入塔内,如图 10.28 所示。这种填料插入形式的压降极低,效率很高,但比塔板式或松散填料塔的成本要高。考虑到这

种形式的高效和低压降，在需要分离低挥发性物质、塔高受限或产物存在分解问题时，可采用规整填料。

前文已经多次提到了蒸馏塔填料的压降问题。不同蒸馏塔的压降从大到小的排列顺序为：泡罩塔板蒸馏塔，浮阀塔板和穿流塔板蒸馏塔，筛孔塔板蒸馏塔，松散填料蒸馏塔，规整填料蒸馏塔。

填料塔的操作和设计存在一些实际问题，涉及到蒸馏以及吸收和汽提（将在第 11 章进行讨论）：

①铅锤试验：在启动过程中必须进行铅锤试验。填料塔比板式塔更需要进行该试验。由于表面积更大，向下流的液体更容易流向塔壁而非开始流动的方向，因此在填料塔中偶尔需要对液体流动进行重新分布。

②调平试验：由于相同原因需要在板式塔中进行调平试验。

③支撑板：填料塔的支撑板必须保持无阻塞状态，以避免压降过高。由于陶瓷填料的脆性，安装必须要小心，在塔底（或上一层塔板）要小心将包装箱倾倒出来，然后从塔顶取出。

④蒸馏重沸器：其原理在热交换一节已讨论过。在蒸馏塔底部需要热输入加热重质液体至沸腾，产生沸腾/冷凝蒸馏中的"沸腾"组分，热交换器如图 10.29 所示。

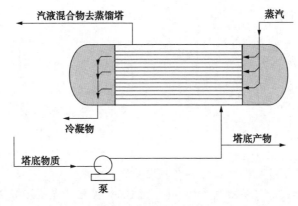

图 10.29　重沸器布局

如果热量需求较低的话，可在蒸馏塔底外部安装夹套或将管线置入塔底为重沸提供热源。热交换器的设计原理基本相同。

10.14　结语

蒸馏是一种独特的单元操作，可以根据不同液体蒸汽压和沸点的差异进行分离。蒸馏塔的设计选择有很多种，涉及内部结构和接触设备，以及对塔的物理和几何参数的优化。实际设计还受到投资和能耗、结构、生产产品质量规格要求的影响。

咖啡烹煮和蒸馏
一般烹煮咖啡的方法不包括蒸馏，因此将在下一章再探讨这一话题。

问题讨论

1. 在你的企业内有多少个蒸馏工艺正在运行？用途都是什么？进料有变化的有多少个？进料变化时如何改变操作？

2. 回流比是怎样确定和控制的？对冷却水的限制是如何影响塔顶冷凝器的运行的？

3. 塔顶和塔底产物的规格是什么？质量控制如何？回流比和进料速度变化时如何保证产物质量？如果需要增加塔顶产物的纯度，应该如何操作？

4. 目前的机械设计(塔板类型、填料、冷凝器、重沸器类型)是怎样确定的？随着时间变化是否对这些决定重新评估过？

5. 存在最小回流比吗？

6. 改变用电压力和温度有什么影响？

复习题(答案见附录)

1. 蒸馏操作是基于以下_____方面的差异。

A. 溶解度　　　　　　　　　　　　B. 密度

C. 蒸汽压　　　　　　　　　　　　D. 结晶度

2. 某种物质、溶液、混合物在_____情况下会沸腾。

A. 溶液剧烈翻滚发泡　　　　　　　B. 分压总和等于总压力

C. 发狂　　　　　　　　　　　　　D. 分压超过外部压力10%

3. 通过蒸馏分离某种混合物的难易程度的关键是_____。

A. 混合物相关物质的挥发度　　　　B. 相关物质是否要分离

C. 选择性加热最具挥发性组分的能力

D. 不同组分的相对挥发度

4. 在蒸馏系统图上45°线代表_____。

A. 气相和液相的组成相同　　　　　B. 所有相都相同

C. 一种组分的挥发度比另一种高45%

D. 一种组分的挥发度比另一种低45%

5. 在双组分蒸馏系统中，相对挥发度以 $y-x$ 图表示，高相对挥发度的曲线与45°线相比_____。

A. 没有差别　　　　　　　　　　　B. 有微小差异

C. 有较大差异

D. 受公司价格、供应商、用户库存影响时刻变化

6. 在间歇式蒸馏系统中，最大分离级数_____。

A. 一级　　　　　　　　　　　　　B. 取决于相对挥发度

C. 与加热速度有关　　　　　　　　D. 与批次大小有关

7. 在传统连续蒸馏系统中，塔顶组分都含有_____。

A. 较高浓度的低挥发性组分　　　　B. 较高浓度的高挥发性组分

C. 较高浓度的低密度组分　　　　　D. 较高浓度的用户需要产品

8. 物料回流到蒸馏塔需要_____。

A. 更多能耗　　　　　　　　　　　B. 更多冷却水

C. 多次蒸发和冷凝，产生纯度更高的塔顶和塔底产物

D. 重沸器和冷凝器，成本更高

9. 增加蒸馏塔的回流量会导致_____。

A. 压降更高　　　　　　　　　　　B. 塔顶产物纯度更高

C. 使用更多冷却水　　　　　　　　D. 以上全部

10. 减少蒸馏塔的回流量不会导致以下_____情况。

A. 冷却水和重沸器蒸汽用量减少

B. 塔顶产物纯度降低

C. 工艺控制变差

D. 塔的总压降降低

11. 蒸馏塔的"操作线"代表了_____。

A. 当工艺计算机下线时工艺操作人员所绘制的线图

B. 塔内的质量平衡

C. 运行蒸馏塔的代码线

D. 操作平台上的禁止通行线

12. 改变蒸馏塔内的回流比可以_____。

A. 调整塔顶和塔底产物的质量　　　B. 对进料组成的变化做出反应

C. 对上游和下游工艺进行调整　　　D. 以上所有

13. 减压蒸馏不会导致以下_____情况。

A. 增加能耗　　　　　　　　　　　B. 分离共沸物

C. 分离高沸点组分　　　　　　　　D. 蒸馏塔尺寸减小

14. 共沸物是_____。

A. 来自热带的化学物质的特殊混合物

B. 沸点接近的化学混合物

C. 蒸气组成与初始的液体组成相同的物质的混合

D. 无法分离

15. 分离共沸物的方法包括_____。

A. 改变压力   B. 使用其他分离技术

C. 加入第三种组分改变汽-液平衡

D. 以上所有

16. 蒸馏塔中的泡罩塔板的最大优势在于_____。

A. 可以捕获气泡

B. 防止液体在没有与蒸气接触时滴落到下层塔板

C. 成本相对较高

D. 压降较高

17. 筛孔塔板的缺点是_____。

A. 压降低   B. 制造简单成本低

C. 塔板间可能产生滴漏和混合

D. 低分子量物质可能会泄漏出去

18. 使用松散填料层替代塔板_____。

A. 压降会降低   B. 防腐性能增加

C. 由于机械振动更可能解体   D. 以上所有

参考文献

Bouck, D. (2014) "10 Distillation Revamp Pitfalls to Avoid" *Chemical Engineering Progress*, 2, pp. 31–38.

Gentilcore, M. (2002) "Reduce Solvent Usage in Batch Distillation" *Chemical Engineering Progress*, 2, pp. 56–59.

Hagan, M. and Kruglov, V. (2010) "Understanding Heat Flux Limitations in Reboiler Design" *Chemical Engineering Progress*, 11, pp. 24–31.

Kister, H. (2004) "Component Trapping in Distillation Towers: Causes, Symptoms and Cures" *Chemical Engineering Progress*, 8, pp. 22–33.

Kister, H. *Distillation Design* (New York: McGraw-Hill, 1992).

Perkins, E. and Schad, R. (2002) "Get More Out of Single Stage Distillation" *Chemical Engineering Progress*, 2, pp. 48–52.

Phimister, J. and Seider, W. (2001) "Bridge the Gap with Semi-Continuous Distillation" *Chemical Engineering Progress*, 8, pp. 72–78.

Pilling, M. and Holden, B. (2009) "Choosing Trays and Packings for Distillation" *Chemical Engineering Progress*, 9, pp. 44–50.

Pilling, M. and Summers, D. (2012) "Be Smart about Column Design" *Chemical Engineering Progress*, 11, pp. 32–38.

Summers, D. (2010) "Designing Four-Pass Trays" *Chemical Engineering Progress*, 4, pp. 26–31.

Vivek, J.; Madhura, C. and O'Young, L. (2009) "Selecting Entrainers for Azeotropic Distillation" *Chemical Engineering Progress*, 3, pp. 47–53.

White, D. (2012) "Optimize Energy Use in Distillation" *Chemical Engineering Progress*, 3, pp. 35–41.

AIChE Equipment Standards Testing Committee (2013) "Evaluating Distillation Column Performance" *Chemical Engineering Progress*, 6, pp. 27–35.

http://www.che.utah.edu/~ring/Design%20I/Articles/distillation%20design.pdf (accessed on August 31, 2016).

http://www.hyper-tvt.ethz.ch/distillation-binary-reflux.php (accessed on August 31, 2016).

http://www.aiche.org/system/files/cep/20130627.pdf (accessed on August 31, 2016).

http://www.separationprocesses.com/Distillation/DT_Chp04n.htm (accessed on August 31, 2016).

第11章 其他分离工艺
吸收、汽提、吸附、色谱法、薄膜法

传质操作也是用于化学工程特殊应用的关键一部分。吸收和汽提是完全相反的两个操作，而萃取、薄膜、色谱、吸附、浸出都是用于分离目的的特殊工艺。

11.1 吸收

吸收是气体转移进入液体的操作。从气流中回收有价值组分进行再利用或出售，或者从气流中移除某种组分防止排入环境中。如果吸收的目的是在气流排入大气前脱除掉空气污染物，吸收过程也可以指"洗涤"，用于在排放前脱除某种物质，如图11.1所示。

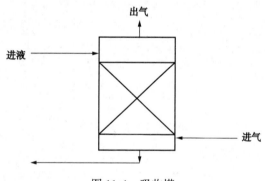

图 11.1 吸收塔

图 11.1 为填料塔（在塔中用"X"表示），与塔板不同，但其实两者都可以使用。由于需要吸收或洗涤的气体多为酸性气体，如 SO_2 和 HCl，因此填料一般使用陶瓷材料。板式塔没有内部填料层，也可用于高吸附性气体。

一个关键设计参数是气体在吸收液或洗涤液（通常为水，但也可使用其他吸收剂或溶剂如碱或油）中的溶解度，称为亨利常数（H）。H 是气体浓度除以同一气体在吸收/洗涤液中的浓度的比值，单位常使用 atm/摩尔分数。有一个有效公式仅用于极度稀释溶液，适用于本章情况。在公式中，气体分压（p）等于其在液体中的浓度 c 乘以亨利常数（H），即 $p = Hc$。在浓度较高时，这一关系不再是线性关系。

CO_2、CO、H_2S 气体的亨利常数(atm/摩尔分数)见表 11.1。

表 11.1　亨利常数

温度/℃	CO_2	CO	H_2S
0	728	35200	26800
5	876	39600	31500
10	1040	44200	36700
15	1220	48900	42300
20	1420	43600	48300
25	1640	58000	54500
30	1860	62000	60900
35	2090	65900	67600
40	2330	69600	7450
45	2570	72900	81400
50	2830	76100	88400
60	3410	82100	103000

从表 11.1 可以看出：

①亨利常数受温度影响很大。

②气体溶解度随温度大幅下降。液体温度越高，就越难吸收或留住气体。在日常生活中，碳酸饮料在从冰箱中拿出放到厨房几天后发生的就是这种现象。"嘶嘶声"是二氧化碳(CO_2)随温度增加从溶液中释放出来所产生的。在化学工程术语中，亨利常数增加了 2~4。

③亨利常数值的变化幅度是不同的。在 0℃时，H_2S 的溶解度要高于 CO；但在 40℃时，H_2S 溶解度要低于 CO。我们常产生这样的错误：对两种不同气体使用相同数据，表明一种气体的溶解度要高于另一种，假设这种溶解度上的差异可在所有温度下应用。

④多种气体尤其是酸性气体如 HCl 溶于水时会产生大量吸收热。需要对系统的热平衡进行计算得出吸收过程中温度增加的幅度。温度增加会降低气体溶解度。

除了没有顶部产物的冷凝(清洁气体)，对气体吸收器/洗涤器的分析可采用与蒸馏相似的设计图。"传质单元"常代替"塔板"用来描述吸收/洗涤塔的高度。这是一种概括填料层高度的方法，等于一层接触塔板。部分工艺受限条件与蒸馏相同：

①需要提供最低吸收/洗涤液速率，高于气体在液体中的溶解度。

②操作时需要考虑由于气体被液体吸收时产生的热量导致温度升高的情况。

③在塔直径(气液速率增加时会增加)和高度(液体流速高时会下降)之间存在一个平衡或最优值。和蒸馏一样，没有最优值，需要基于能耗、成本、水源和排放成本进行综合考量。

图11.2为吸收/洗涤单元操作图，"Y"指的是气相浓度，"X"指的是液相组成。

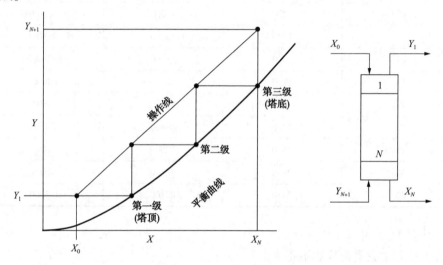

图11.2 吸收塔的分析图

图11.2中的平衡曲线为吸收塔从顶部到底部的亨利常数曲线，显示了吸收的气体(摩尔分数)量。"操作曲线"与蒸馏塔的一样，表示的是塔内的质量平衡。想要气体中的某一组分进入液体中，就必须要有驱动力存在。吸收液/洗涤液的量越大，操作曲线和平衡曲线之前的距离越远，所需的"级数"就越少。在气体吸收中，一般使用的术语是"传质单元"而不是"级"；不过，如果使用板式塔进行吸收操作，就要采用"级"的说法。如果想在完成相同吸收效果的同时降低吸收塔液体流速，塔的高度就要增加，或者采用吸收效率更高的填料。使用松散填料时，供应商(或企业内部经验)提供的"传质单元高度"(HTU)的换算公式是3ft"A"型填料等于1HTU。这一换算值会随流动条件和气液特性发生变化。填料供应商一般都会提供以上数据信息，大型企业的专利信息也是相通的。

前文提到气体溶解到吸收液中时产生大量溶解热的问题。如果发生这种情况，平衡曲线不会是直线(意味着恒温)，会随温度增加发生弯曲，如图11.3所示。

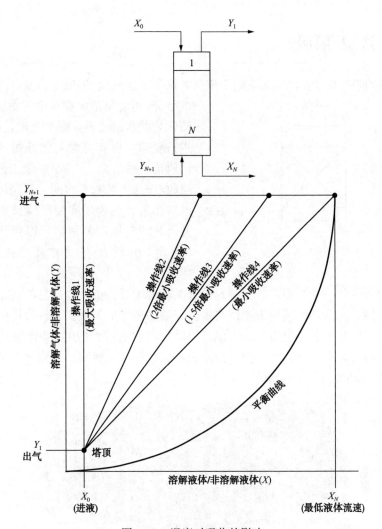

图 11.3　温度对吸收的影响

在这种情况下，需要温度较低的液体来完成吸收操作、提供塔内冷却操作，需要增加吸收塔高度才能达到相同的吸收效率。

由于在吸收液中各种物质的溶解度不同，吸收操作的另一个用途就是选择性脱除或回收气流中的某一组分。如可使用烃类(如贫油)选择性回收低沸点烃类(如乙烷、丙烷、丁烷和戊烷)。如果其中一种或多种组分的溶解度要大于其他组分，就可以进行选择性脱除或回收。

气体的溶解度较高时，无需进行多级接触，此时就可以使用喷淋塔。吸收液常采用悬浮固体浆液，常用于发电行业，使用石灰[Ca(OH)$_2$]浆液从烟囱回收二氧化硫(SO$_2$)。

11.2 汽提/解吸

汽提/解吸是与吸收或洗涤完全相反的操作。在汽提/解吸中，某种在液体中

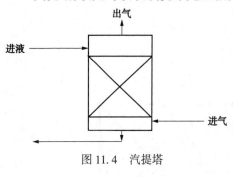

图 11.4 汽提塔

的组分(可能是溶解在水中的物质，不能流入公共水道或企业废水处理设施)必须进行脱除。也有可能是在外排蒸汽中有回收价值的溶剂。汽提/解吸工艺流程与吸收/洗涤工艺基本相同，只是进入工艺的液体所含的物质需要脱除或回收，离开工艺的气体需要清洁，需要从液体中"剥离"出所含有的物质。如图 11.4 所示。

在设计吸收塔和汽提塔时应选择适合的辅助配套设备。之前已经讨论过支撑板的重要性，尤其是在填料塔中需要垂直安装，显得更为重要。汽提塔的问题是从成本和环境角度看不能让液体的细雾从塔顶溢出。可使用除雾器解决这一问题。除雾器安装有细网，可以使小液滴颗粒合并形成大液滴，从而回流至汽提塔中，如图 11.5 所示。

图 11.5 典型除雾器

在天然气工业中广泛使用的一种工艺是同时采用了吸收和汽提操作。在全球大多数供应的天然气中不仅含有烃类如甲烷(CH_4)，还存在硫化氢(H_2S)和二氧化碳(CO_2)等杂质。这两种杂质不仅降低了天然气的燃料值，还会造成安全危害。但是 H_2S 可以作为生产 S 元素的原料。烷醇胺类化合物对这两种气体有很强的吸收性。还有许多类似的化合物(可参见图 4.7)，这些化合物结合吸收和汽提方法用来生产"甜"(不含 H_2S 和 CO_2)天然气，用于工业和民用加热。该工艺如图 11.6 所示。

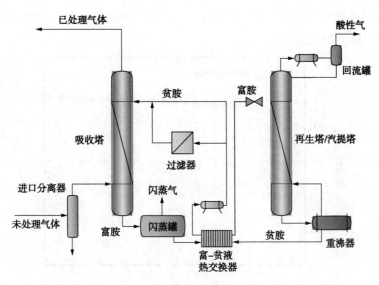

图 11.6 吸收/汽提组合净化酸性天然气

从图 11.6 可以看出，酸性气与胺接触后，酸性气中的 H_2S 和 CO_2 杂质被吸收，生成清洁天然气燃料。胺吸收了杂质后在工业上称为"富"胺，需要进行"汽提"脱除杂质回收再利用。图中的第二个塔用于完成这一操作，生成 H_2S 和 CO_2 的浓缩气。浓缩气可用作制硫或氢硫化钠装置的原料。该工艺中的压力和温度受进料的温度和压力、胺吸收液的种类、酸性气进料中的杂质含量以及脱除的酸性气组分用途的影响很大。

11.3 吸附

在吸收过程中，气体通过与液体进行接触，可以脱除或回收气体中的某种组分。在吸附过程中，采用固体材料替代液体可实现同样的目的。吸附也可以是液-固单元操作，通过使用固体吸附剂将一种液体组分与另一种液体组分分离开来，或者脱除气/液流中的某种杂质。例如在日常生活中常见的活性炭，可用来脱除家庭饮用水中的杂质。另如，可以根据蒸汽压不同的机理，利用吸附剂选择性脱除共沸混合物中的某一组分。吸附单元操作也可用来吸收物质，但由于各种原因，我们并不希望回收材料以溶液形式存在。吸附技术在分析化学领域中最广泛的用途是根据吸附选择性的不同来分离组分，如气相色谱（GC）。

吸附方法在工业上可用来分离或回收气流中的组分。任何一种气体物质都与某种固体表面有一定亲和度，同样，气体也会因为与液体的亲和度被液流吸收。可以与采用测量汽-液平衡或亨利常数同样的方法来测量亲和度。吸附过程中的气体亲和度被称为吸附等温线，如图 11.7 所示，该图表示了在恒温条件下吸附的物质量与压力的关系。

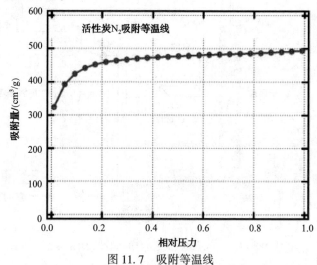

图 11.7　吸附等温线

除非工艺气流中只含有一种可吸附的成分，根据每种物质与固体吸附剂的亲和度不同，存在着多种吸附曲线。吸附的通用方程式（又称为 Freundlich 吸附等温方程）如下：

$$\frac{x}{m} = K p^{1/n}$$

式中：x 为吸附质的质量（被吸附物质）；m 为吸附剂质量（吸附物质）；K 和 n 为基于吸附剂特性的经验常数；p 为平衡压力。

使用该方程计算得出的 K 值为 4、n 值为 1/6 的物质的等温曲线图如图 11.8 所示。

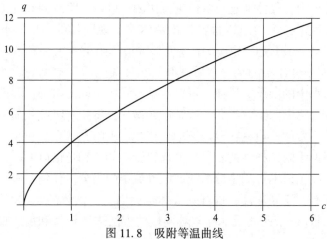

图 11.8　吸附等温曲线

在该图中使用的计量单位略有不同，但含义不变。q 的单位为 mol/kg，c 的单位为 mol/L。

吸收和吸附两者的一个关键不同之处在于，在吸附过程中，被吸附物质集中到吸附剂的表面，而不是溶解在液相中。

在吸附操作中可使用多种吸附剂，包括活性炭、沸石和硅胶。通过控制这些吸附剂的表面化学性质、孔径和孔径分布，可提高吸附某种特定物质的能力。例如沸石的制备工艺极为精密，沸石的孔径大小是控制吸附和通过的分子种类的主要机理，如图 11.9 所示。

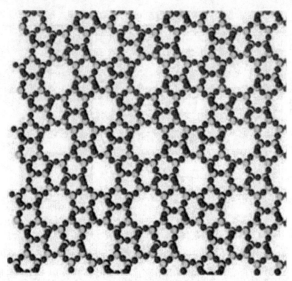

图 11.9　沸石结构图

强吸附性(即不可逆)和不可吸附性曲线如图 11.10 所示。

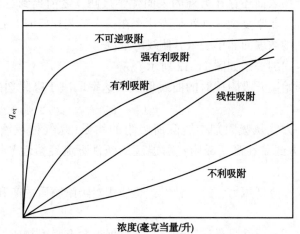

图 11.10　固体亲和力以及对吸附的影响

在图 11.10 中，浓度以不同单位表示，这再次提醒我们在进行数据比较、共享或解释时必须要检查数据单位。

我们也可以将吸附看作是气相组分和其组成的化合物固体表面之间的平衡。

$$A+B\leftrightarrow AB$$

如果设想一种物质（A）被吸附剂（B）吸附的过程，当吸附过程开始后，没有 A 物质离开吸附柱，而随着吸附剂空间充满吸附物质，最后一些吸附物质将离开吸附柱。具体过程如图 11.11 所示。

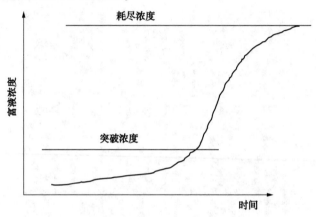

图 11.11　吸附与时间的关系

吸附物质开始离开吸附柱的时刻被称为突破时间，受到多种工艺变量如流速、压力、温度以及增加的吸附物质的影响。可接受突破浓度与质量指标或环保排放的限制有关。由于不止一种化合物存于吸附物质中，在这些化合物被吸附后，在这些化合物表面还存在另外的表面化学接触，之前提到过的"AB"表面相互接触，因此可能非常复杂。这就是为什么在扩大工艺规模时，必须要使用实际的工艺侧线的平均浓度而非单一组分侧线的浓度。

吸附柱与时间的关系如图 11.12 所示。

吸附物质开始离开吸附柱时的曲线形状和速率取决于吸附剂的"K"值和"n"值以及流速。

可采用多种方式从吸附剂中脱除所吸附的物质（从气体或液体中脱除的物质）。其中一种方式是在高于吸附过程温度的条件下流经惰性气体，如图 11.13 所示。

另一种方式是降低压力，第三种方式是使用对吸附物质的亲和度比吸附剂更大的溶剂。

这些工艺由于本质都是半连续过程，无法保证含有吸附物质的清洁侧线具有

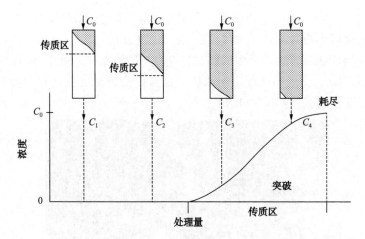

图 11.12 吸附突破

稳定流量。如果需要离开这种单元操作的产品保持连续流量，当其他单元开始再生时，就必须有一个平行工艺开始"反相"运行。

吸附剂对水的亲和度较高时，可通过脱水留醇的方法来"打破"之前讨论过的乙醇-水共沸混合物的结构。

在对该工艺设备进行设计时应考虑到以下几点：

①吸附质的湿度。如果湿度高于 30%，可采用炭及其他吸附剂来脱水。吸附的水可能会导致不同吸附物质之间发生设计方案外的表面接触。

②辅助工艺设备如风扇和风机的选择取决于吸附剂的粒径和粒径分布。

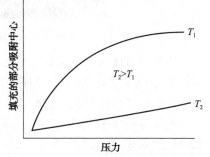

图 11.13 压力和温度对吸附的影响

11.4 离子交换

离子交换操作是利用不同的极性和强度来回收或脱除某种液体(大多数情况下是水)中的物质，然后使用类似于反向吸附的解吸工艺回收所脱除的物质，将其返回床层恢复到初始状态。吸附是一个半连续过程，液流漫过/穿过离子交换树脂床层，脱除某种特定的离子，然后"再生"以脱除处理吸附的离子物质，然后"补给"到树脂床层。这种技术最常见于家庭饮用水软化器。水软化树脂床层脱除"硬"水中的 Ca^{2+}，同时 Ca^{2+} 取代并释放出 Na^+(已经附着于树脂表面)到水中。经过一段时间后，树脂中充满了 Ca^{2+}，可使用高浓度 NaCl 溶液对床层进行冲洗使床层"再生"。家庭用户可采用置于存储罐中的盐袋配制高浓度 NaCl 溶液。向盐中倒入水后生成盐溶液,取代出的 Ca^{2+}(以 CaCl 形式存在)被排入污水管道。

离子交换珠状聚合物为典型的圆珠型交联(以保持一定刚性)聚合物(如聚苯乙烯–二乙烯苯)。交联的程度影响珠状聚合物在使用和再生过程中膨胀的程度。典型的离子交换树脂/珠如图 11.14 所示。

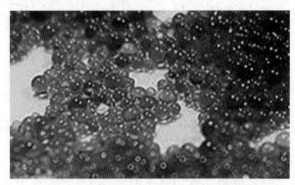

图 11.14　典型的离子交换珠状聚合物

根据通过床层的液流脱除的组分性质,这些珠状聚合物的表面上的离子可能为正离子$[Ca^{2+}/K^+/(CH_3)_3NH_4^+]$或负离子($OH^-/SO_4^{2-}/HSO_4^-/COOH^-$)。除了钙之外,该工艺还可脱除碳酸盐、二氧化硅以及带电有机物。

在工业用离子交换工艺中,除了离子交换单元外,还配有多个处理釜、富液储罐以及再生剂储罐。

从化学工程师的角度看,在设计离子交换工艺时面临的挑战有:

①压降。珠状聚合物的大小和分布、流速、液体黏度均对离子交换床的整体压降产生很大影响。在线性流速为 1~6m/h 的操作条件下,黏度增加 10 倍会导致穿过离子交换床的总压降增加 1 倍。

②这些珠状树脂在其"原"化学性质发生变化后会发生膨胀,膨胀体积可增加 150%。因此需要在各类储罐中留出足够的空余空间。在家庭用户的水软化系统中,存储罐内仅有一小部分空间被树脂占用,因为树脂再生需要一定膨胀空间。

11.5　反渗透

反渗透是指利用薄膜的不同孔隙度,使水穿过薄膜,同时过滤出固体、溶解盐类、离子以及生物质(如细菌和病毒)。渗透压指当薄膜被置于盐溶液和纯水之间时穿越薄膜的压力变化,如图 11.15 所示。

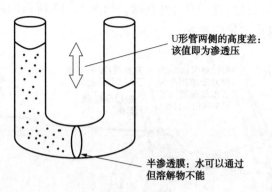

U形管两侧的高度差：
该值即为渗透压

半渗透膜：水可以通过
但溶解物不能

图 11.15　渗透压

从实际应用和工程角度看，如果希望把水中溶解的小分子分离出来，就需要克服这一渗透压，使得水可以穿过薄膜。

全球咸水和海水脱盐装置都是基于这一原理而建立的，可将无法饮用的高盐水转化为饮用水。图 11.16 为美国根据该技术建立的最大规模脱盐装置，可提供佛罗里达坦帕市饮用水的 10%。

图 11.16　佛罗里达坦帕水脱盐装置

工业用薄膜可以是螺旋或空芯纤维状。如图 11.17 所示的海水过滤膜，薄膜内的孔洞一般为极小的聚合物管。

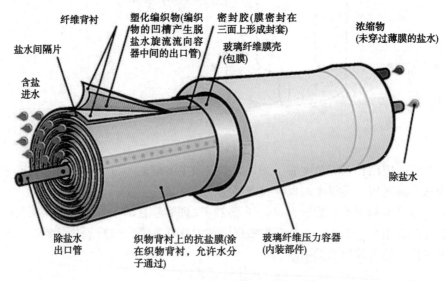

图 11.17　压力容器内的反向渗透膜单元

薄膜过滤和回收特定大小的分子的设计能力(主要基于其分子量和分子大小将薄膜分为反向渗透膜、纳米滤膜、超滤膜、或微滤膜) 如图 11.18 所示。

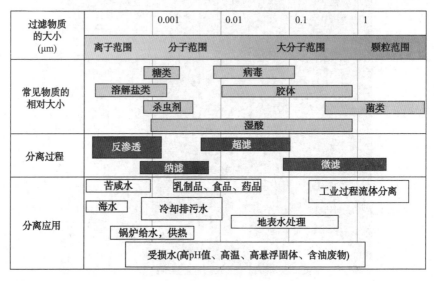

图 11.18　分离能力不同的膜系统

随着温度的增加，黏度下降，穿过薄膜的流体流速显著增长。薄膜系统必须经常进行清洗，包括高压反向流清洗和化学系统清洗。

11.6　气体分离膜

气体穿过聚合物材料和薄膜时具有不同的渗透速度。例如，商场中售卖的食品包装多为聚乙烯材料。水包裹在这类薄膜中不会快速渗透出去，因此可以使用薄膜使食物保持水分和新鲜程度。不过一些蔬菜产品需要充氧防止腐败，而聚乙烯的氧气流动性较低，会导致蔬菜腐败。氯乙烯/偏二氯乙烯共聚物（通常指 S. C. Johnson and Son 有限公司的注册品牌 Saran™）可同时控制氧气和水的传递。也有一些食品包装薄膜为聚氯乙烯材质。

不同气体对薄膜的渗透率不同，因此可用来分离气体，如图 11.19 所示。

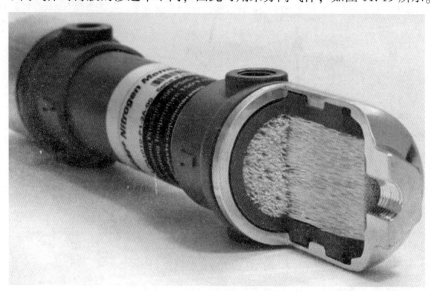

图 11.19　气体分离膜

很多情况下需要采用不同于空气中 79/21 的氧气/氮气比（稀有气体不计算入内）。例如，在燃烧工艺中，需要的氧气/燃料比较高，用来升高火焰温度。而在建筑或低温气体分离生产液氧装置中则正好相反，需要用到将空气中的氮气和氧气分离的膜系统。氮气和氧气的渗透速度不同（氧气更快），因此理论上通过膜工艺可以对两种气体进行净化。在最近使用这一理论的工业应用中，已开发出一种气体分离膜工艺，可应用于汽车和轮胎销售店，在指定地点生产出更为经济的氮气，替代压缩空气工艺用于给轮胎填充气体。空气分离膜如图 11.20 所示。

如果可以开发出生产纯氮气的方法，这种技术还可用于可燃性控制，可经济有效地控制火三角中的"氧气"部分。另外，在医学或氧化工艺中还可应用这种技术提供浓缩氧气，替代购买液氧或氧气瓶。

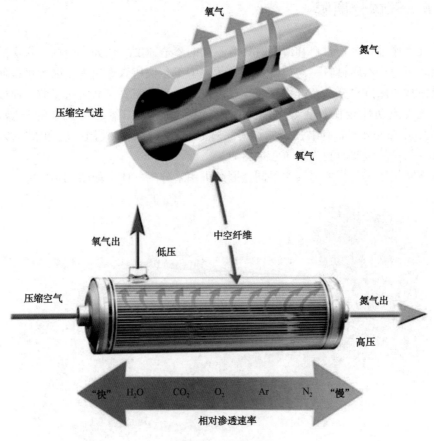

图 11.20　空气分离膜

11.7　浸出

　　浸出操作是指采用液体浸出剂穿过固体矿石或沉积物从中回收有价值物质。采用这一方法可从矿石中回收包括黄金在内的多种矿物质。在地下开采然后运回地表的矿石上、地下沉积物"原地"矿石上都可进行浸出操作。

　　浸出操作的化学原理与所选用的可附着于有价值矿物质上的络合剂/浸出剂有关。在黄金（Au）的开采中，采用的是氰化物：

$$Au^+ + 2CN^- \rightarrow Au(CN_2)^-$$

通过与锌(Zn)接触并取代浸出的金离子，可释放出络合金：

$$2Au(CN_2)^- + Zn \rightarrow Au + Zn(CN)_4^-$$

除了"就地"浸出外，在浸出操作中还使用了多种机械液-固接触设备。在浸出工艺中应用的化学工程设计变量包括：

①含有可回收物质的矿石的粒径和粒径分布。这两个变量对浸出液流速影响很大；

②浸出液的流速、流动分布、密度、黏度；

③矿床深度；

④采用主动磨削设备的工艺中的颗粒降解；

⑤下游对浸出物质进行处理以获得所需纯度。

在日常生活中与浸出工艺相仿的操作也很多，如从茶包中浸出茶或煮咖啡。茶或咖啡的粒径和粒径分布、热水的温度和流速以及热水与浸出液的分布或接触均匀程度都将影响最终饮品的口感和浓度。

11.8　液-液萃取

在液-液萃取单元操作中，通常是在同相中的液体混合物与第三种液体接触，由于第三种液体的溶解性更高，起始物质中的一种成分被"萃取"到第三种液体中。前文提到，存在于某些液-汽体系的共沸物，会限制我们根据蒸汽压差分离不同组分的能力。处理这种情况的一种替代方法是找到可选择性溶解某一种共沸物组分的液体，从而留下想要的组分。这就要求对溶剂进行鉴定，找出不溶于初始混合物但对初始混合物中的某一种组分的溶解度很高的溶剂。萃取出的混合物在另一个分离工艺中进行处理，回收出的溶剂可再次用作萃取剂。脱除出的物质（如在乙醇-水共沸物中的水）也必须经过回收处理再利用或排放。液-液萃取的这些额外步骤使得工艺从本质上更为复杂，成本也更高。

可以添加溶剂用于萃取出想要或不想要的物质。"萃取物"是包含从初始混合物中提取出物质的相态，"萃余液"是指必须进一步处理的残渣物质（图11.21显示的是小于萃余相密度的萃取物，不过这并非必要步骤）。

液-液萃取可采用间歇方式，也可采用图11.21所示的连续方式。

萃取塔的布局根据液体密度不同有多种方式。塔盘的基本功能等同于一系列塔釜。采用一系列间歇塔釜也可完成这一操作。

其他的连续操作方法包括在塔中设一个旋转轴，可使两种液体分别向上和向下运动，或是如图11.22所示的立轴塔。

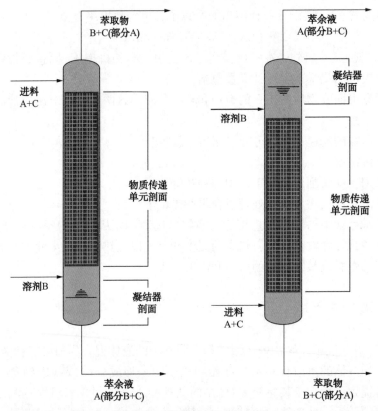

图 11.21　连续液–液萃取工艺

图 11.22　搅拌式萃取塔

以上这些类型的设备一般都采用变速驱动内轴，液-液接触的湍流随着液体性质如密度、黏度和表面张力的变化而变化。

部分可控工艺变量包括：溶剂/进料比；物理接触设备类型；进料和溶剂温度；接触塔(间歇操作为接触罐)内的搅拌程度。

表面张力会影响到工艺接触面的湿度以及工艺液体在搅拌时的发泡趋势。在此情况下，需要对是否使用消泡剂进行评估。不同物质的表面张力差异较大，短链醇类为$(2\sim8)\times10^{-5}N/cm$，低分子量烷烃则为$(45\sim50)\times10^{-5}N/cm$。

确定液-液萃取工艺所需的接触级数必须要有三相系统的平衡数据。图11.23为以三角形相图表现的三相数据。

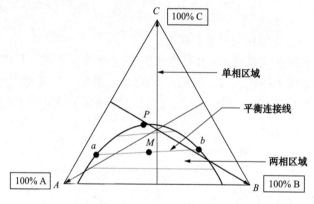

图 11.23   三相平衡相图

在该三相图中，标示了实验室测出的 A、B、C 的浓度。在 A 边的顶点代表组分为100%的 A，同样 B、C 边顶点代表100%的 B 和100%的 C。该图上叠加部分为这三种液体相互之间的溶解度数据。在单相区域中，所有三种组分可以相互溶解。在图中的 P 点，溶液"分割"成为不同相(标为"M"的区域)，在这些区域，添加 A 到初始混合物中，希望将 B 从 C 中分离出来。如果将这些相态分开另外加入 A，混合物会按照图中的连接线再次分离。在图 11.24 中可观察这一过程。

根据质量平衡计算出每一相的组成，得出 A、B、C 的总量。

蒸馏中的沸腾和凝结过程与液-液萃取相似。相关操作需要进行的次数与液体组分相互之间的溶解度有关，而溶解度又与温度有关。质量平衡，在此指每相组成，将决定在每一级接触后的最终组成。取得最终想要的组成所需的接触级数将决定萃取塔的高度或萃取槽的数目。

图 11.24 中的"连接线"在蒸馏系统中相当于气-液平衡线，在液-液萃取工艺中为液-液两相数据。这里的接触/分离概念对应于蒸馏中的沸腾/凝结模型。

在陶瓷等固-固系统及类似使用二氧化碳将咖啡因从咖啡豆中提取出来的

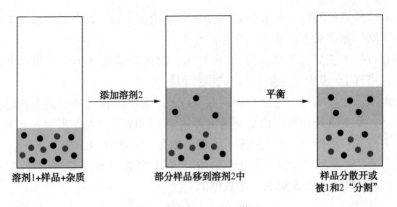

图 11.24　液-液分级萃取

汽-液-固系统中也可以使用三相平衡图。

可以参照蒸馏模式绘制液-液萃取工艺接触级数分析图，如图 11.25 所示。至于蒸馏或其他传质操作，每一级的接触效率与多个工艺及物理特性值(密度、黏度、表面张力差)有关，实际所需的接触级数要比从该图中计算得出的还要多。

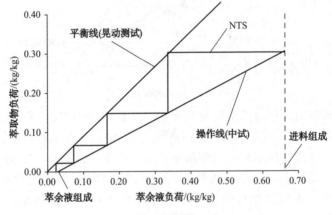

图 11.25　液-液萃取级数图

11.9　结语

很多分离工艺的原理都是基于物理特性而非蒸馏中所用到的相对蒸汽压差。根据固体表面亲和度以及固体中孔径的差异，可采用吸附方法选择性回收或分离液体或气体中的物质。根据液体混溶性的差异，可通过液-液萃取进行选择性回收或分离。在很多情况下，可同时应用几个专用单元操作进行分离或回收。每个工艺的操作成本、回收或脱除的物质价值以及工艺的资金成本需要进行比较做出最优选择。

烹煮咖啡
对咖啡饮用者来说，咖啡豆无论是完整的还是研磨后的，都有一小部分实际咖啡香味成分未被提取出来。为制作一杯咖啡，这些香味成分必须要从研磨物中"浸出"到水中。可采用家庭版的浸出工艺来完成这一操作。咖啡豆的研磨程度不同。经过"粗"磨后的表面积低于"细"磨后的表面积。其他条件一致的情况下，细磨后的咖啡口感要更佳。热水渗透或滴落过研磨咖啡，过滤出不同程度的香味成分。浸出设备的外形以及水温(黏度和溶解度效应)也会影响咖啡的口味。 　　水的流速和温度均会影响咖啡浸出的香味(非香味)成分的量。

问题讨论

　　1. 如果所用工艺采用了这些专用单元操作，对这些操作的功能和设计参数是否充分了解？最初选用这些操作的原理是什么？

　　2. 水的温度、黏度、密度发生变化时对操作有什么影响？

　　3. 如果目前使用的是较为低端的单元操作，使用吸附、浸出、薄膜等方法是否有成本或质量方面的优势？

　　4. 反过来说，如果选择某一专用分离方法是基于成本或更常用的单元操作不可行，这些经济问题发生变化后是否需要再次评估？薄膜法生产的气体质量能否取代购买低温液体？

　　5. 在工艺中使用高纯度水有优势吗？

复习题(答案见附录)

　　1. 吸附是将气体回收到_____中的过程。

A. 固体 　　　　　　　　　　　　B. 另一种气体

C. 液体 　　　　　　　　　　　　D. 上述任意一种

　　2. 汽提是将气体从_____移除。

A. 液体 　　　　　　　　　　　　B. 反应器

C. 罐车 　　　　　　　　　　　　D. 上述任意一种

　　3. 设计吸收塔或汽提塔的关键变量为_____。

A. 液体温度 　　　　　　　　　　B. 气体温度

C. 亨利常数 　　　　　　　　　　D. 外部温度

　　4. 亨利常数代表_____。

A. 溶解于液体中的气体分压与气体浓度比

B. 亨利变量的相反值

C. 亨利认可的实验室中生成气体的溶解度数据

D. 如果压力增加，溶解于某种液体的气体量会增加多少

5. 在吸收塔中，气体从_____进入。

A. 底端   B. 顶部

C. 底部   D. 中段

6. 在汽提塔中，液体从_____进入。

A. 底端   B. 顶部

C. 底部   D. 中段

7. 在设计吸收塔时，需要考虑的要素包括_____。

A. 从塔底进入气体的正确分布

B. 从塔的交叉地带通过的液体的正确分布

C. 气体溶解热导致的温度升高

D. 以上所有

8. 汽提塔顶部需要除雾器的原因是_____。

A. 填充空隙   B. 控制液体夹带的发生

C. 操作人员看到物质从液体中被脱除会伤心

D. 提供压降

9. 吸附是从流体或气体中回收某种组分到_____上。

A. 固体   B. 薄膜

C. 液体   D. 以上任意一种

10. 吸附效率受以下_____因素控制。

A. 应用的炭的类型   B. 固体对气体的亲和度

C. 吸附剂的孔径   D. 以上所有

11. 可能影响吸附效率和选择性的变量包括_____。

A. 温度   B. 压力

C. 吸附等温线   D. 以上所有

12. 除了以下_____方法之外都可以用于吸附床再生。

A. 改变压力   B. 改变温度

C. 认真许愿

D. 使用大量气体冲洗取代吸附物质

13. 液相色谱利用_____回收和/或分离液体组分。

A. 分子大小   B. 表面电荷

C. 液-固表面化学特性   D. 以上任意一种

14. 在离子交换工艺中是以下_____功能使得离子吸附到聚合物表面，从而达到分离目的。

A. 离子电荷
B. 孔径
C. 添加不同分子量的聚合物
D. 表面粗糙度

15. 离子交换床采用以下_____方式进行再生。

A. 改变压力
B. 改变温度
C. 大量与初始离子极性相反的离子溶液
D. 大量气体冲洗取代交换物质

16. 采用离子交换床再生时会出现的一个严重问题是_____。

A. 使用的再生剂溶液不对
B. 液涨
C. 产生噪音
D. 再生出的床层不对

17. 液–液萃取中要萃取的物质在两种液体中的溶解情况如下_____描述正确。

A. 在接近其沸点时可溶解于其中一种液体，在常温下溶解于另一种液体
B. 在接近其冰点时可溶解于其中一种液体，在常温下溶解于另一种液体
C. 在接近其临界点时可溶解于其中一种液体，在接近其沸点时溶解于另一种液体
D. 可分别溶解于一种液体和另一种液体

18. 设计一个液–液萃取工艺，需要以下_____技术。

A. 三相图
B. 对密度以及密度差异的了解
C. 工艺液体的表面张力
D. 以上所有

19. 液–液萃取工艺的操作和设计变量包括_____。

A. 温度
B. 接触时间
C. 液体物理性质
D. 以上所有

20. 浸出操作可用来_____。

A. 重返淘金热时代
B. 从吝啬鬼亲戚那里要回钱
C. 通过与液体接触从固体中回收某种物质
D. 通过与气体接触从固体中回收某种物质

21. 膜回收物质是基于膜在以下_____方面的差异。

A. 分子量和分子大小
B. 穿过微孔的愿望
C. 价值和价格
D. 成本

参考文献

Chen, W.; Parma, F.; Patkar, A.; Elkin, A., and Sen, S. (2004) "Selecting Membrane Filtration Systems" *Chemical Engineering Progress*, 12, pp. 22–25.

Dream, B. (2006) "Liquid Chromatography Process Design" *Chemical Engineering Progress*, 7, pp. 16–17.

Ettouney, H.; El-Desoukey, H.; Fabish, R., and Gowin, P. (2002) "Evaluating the Economics of Desalination" *Chemical Engineering Progress*, 98, pp. 32–39.

Fraud, N.; Gottschalk, U., and Stedim, S. (2010) "Using Chromatography to Separate Complex Mixtures" *Chemical Engineering Progress*, 12, pp. 27–31.

Harrison, R. (2014) "Bioseparation Basics" *Chemical Engineering Progress*, 10, pp. 36–42.

Ivanova, S. and Lewis, R. (2012) "Producing Nitrogen via Pressure Swing Adsorption" *Chemical Engineering Progress*, 6, pp. 38–42.

Kenig, E. and Seferlis, B. (2009) "Modeling Reactive Absorption" *Chemical Engineering Progress*, 1, pp. 65–73.

Kister, H. (2006) "Acid Gas Absorption" *Chemical Engineering Progress*, 6, pp. 16–17.

Kucera, J. (2008) "Understanding RO Membrane Performance" *Chemical Engineering Progress*, 5, pp. 30–34.

Shelley, S. (2009) "Capturing CO_2: Gas Membrane Systems Move Forward" *Chemical Engineering Progress*, 4, pp. 42–47.

Teletzke, E. and Bickham, C. (2014) "Troubleshoot Acid Gas Removal Systems" *Chemical Engineering Progress*, 7, pp. 47–52.

Wang, H. and Zhou, H. (2013) "Understand the Basics of Membrane Filtration" *Chemical Engineering Progress*, 4, pp. 33–40.

Video: https://www.youtube.com/watch?v=KvGJoLIp3Sk (accessed on September 22, 2016).

第 12 章　蒸发和结晶

这两种单元操作有以下两种作用：

①提高含有一种或多种溶解物质的溶液浓度，例如盐溶液（NaCl、KCl、CaCl₂ 等）。尽管这一单元操作多用来浓缩盐溶液，相关原理也可应用在浓缩有机溶剂中的物质，如从有机溶剂中浓缩药品。

②从某一溶液中沉淀出有价值的物质。蒸发可很好完成这一功能，但蒸发一般是有热量输入的过程，而结晶则采用冷却方法。对于水溶液或有机溶液均适用这两种操作。

12.1　蒸发

在蒸发过程中，初始溶液中有一种或多种固体物质溶解于一种溶剂中，常见的如盐溶于水，还有药品溶解于有机溶剂中。蒸发操作指的是随着溶剂的蒸发，"溶解物"（溶解于溶剂中的物质）的浓度增加。蒸发到了极限后，仅会留下固体。溶解在溶液中的一般是有价值的物质。

蒸发是一种传热专用方式，具体讨论见第 8 章。蒸汽或其他一些高温传热介质被输入热交换器中，这一热量输入使溶剂沸腾，从而提高了溶解物的浓度。由于蒸汽发生冷凝的同时热交换器的另一侧溶液在湍流情况下沸腾，因此传热系数要高于常规的液-液壳程管程热交换器。这种热交换器的机械设计有几种不同类型。

蒸汽在工艺容器内的卧式或立式管中进行冷凝或处理，然后从蒸发器顶部排出。根据液体性质、热源类型、最终产品特性，有多种不同类型的蒸发器型式。简易蒸发器的工艺总图如图 12.1 所示。

蒸发器设计细节受进料特性（密度和黏度）、沸点和压力、产物的目标浓度以及浓缩物对高温的敏感性的影响变化很大。尤其是最后一个因素对食品和制药行业影响很大。

除这些细节外，蒸发器的整体设计（之前讨论过的热交换器的另一种型式）遵循通用的整体热交换公式：

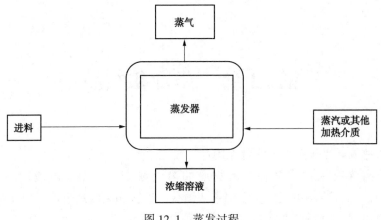

图 12.1 蒸发过程

$$Q = UA\Delta T$$

式中：Q 是一定量数的水或溶剂沸腾所需的总热量，BTU/h 或 kcal/h 乘以其蒸发热加上达到溶液沸点所需的感觉热再加上工艺容器损失的外部热量；A 是传热表面积，是蒸发器内的传热线圈以及蒸发分器夹套表面的传热区域的总和；U 是总传热系数，蒸发器在湍流沸腾的条件下的该值一般要高于普通的液-液或液-气热交换器。

在使用过程中蒸发器会出现三种问题导致无法按照设计运行：

①蒸发器内的液位控制必须足以覆盖所有管线（假设在设计中所有管线区域均有使用）。到目前为止我们还未讨论过程控制，但可以说，如果蒸发器内的液位不能高到覆盖所有管线，则性能无法达到预期。

②随着时间增加，结垢会降低传热系数。一般情况下蒸发器性能会随着时间变化缓慢下降，为抵消这一损耗，在设计上会存一定程度的余量。本章对热交换器应用的分析同样适用于蒸发器。

③沸点上升。这是一个很易发生的设计错误。在之前提到的基本方程式中，ΔT 应为传热介质(蒸汽、热油等)的温度与产品溶液的沸点温度之间的差值。如果蒸发的是盐溶液，其沸点将随浓度的增加而增加(有机溶剂蒸发时出现这种情况不多)。如果沸点低于预估，ΔT 会更低，这样传热的推动力变小，需要更多传热区域以达到设计要求。

盐溶液的沸点上升曲线被标志为 Duhring 曲线，其中某种溶液的沸点在曲线上对应于水的沸点。可在文献中查阅该类曲线图。

12.2 蒸发器的操作

在蒸发器的操作中面临的一些实际问题包括：

①脱除蒸汽凝结水。蒸发器中所使用的蒸汽冷凝为热凝结水后，或者通过汽水分离器返回内部发电装置，或者在经过冷却池或冷却塔冷却后排入公用排水系统。如果蒸汽冷凝水流路线在任意一处被堵，热冷凝液会堆积在蒸发器的蒸汽室中，从而降低了传热系数。汽–液传热系数要大于液–液传热系数。

②非冷凝液体的积聚。如果使用的蒸汽来自未经真空脱气的供水系统，锅炉给水中极少量的惰性气体(氮气、氧气)可能会极缓慢地积聚在蒸发器的蒸汽室中。经过一段时间后，会降低蒸汽分压并减缓传热速度。

③雾沫夹带和发泡。盐溶液具有较高的表面张力值，可能会在沸腾过程中形成稳定的泡沫。这一问题可以通过多种方式解决。首先，在不会影响到产品质量要求或下游使用的情况下，可在溶液中加入消泡剂。其次，可大幅扩大蒸发器放空线的管径(与蒸发器直径相比)，从而降低蒸发器排出气体的速度，促使气体凝聚和冷凝回流到蒸发器。还有一种方法是使用蒸汽喷嘴使蒸汽直接进入塔顶蒸汽，加快液滴凝聚进入液流，回流到蒸发器。

我们已经数次讨论过物理特性，我们需要记住这些基础数据，确保我们了解正在处理的物质的性质。随着蒸发器中的盐溶液(图中为氯化钙)浓度增加，其黏度增长曲线如图 12.2 所示。

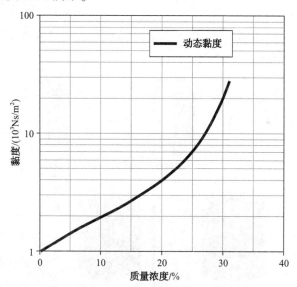

图 12.2　随着盐浓度增加黏度的增长曲线

在第 8 章中，我们知道传热系数是雷诺数的 0.8 次方。由于雷诺数是 $DV\rho/\mu$(μ 为黏度)，雷诺数随着黏度的增加而下降。在蒸发器设计中，我们需要确定所使用的是蒸发器内部真实的物理特性，而不是蒸发器进料的物理特性。黏度一般会随着浓度的增加而提高。

在各种工业领域，尤其是在食品工业中所使用的各种蒸发器设计是基于需要进行浓缩的物质的特性。

12.3　真空和多功能蒸发器

蒸发器并不需要在常压条件下运行。如果增加压力，溶液的沸点会上升；如果提高进入蒸发器的蒸汽压力，传热介质之间的 ΔT 以及沸点均会增长。如果在真空条件下进行蒸发，则溶液的沸点低于其在常压下的沸点，传热介质之间的 ΔT 以及传热速率会再次增长。选择常压还是非常压蒸发受多种因素制约。在化学工程的很多领域中，选择无所谓对错。

①一般来说，真空(减压)工艺与加压工艺相比能量更为密集。可以通过蒸汽驱动的真空喷射泵或机械压缩机产生真空。真空喷射泵没有运动部件，但会产生废水，必须进行处理和处置。

②采用高压蒸汽蒸发不仅会提高 ΔT，还会增加蒸发器的投资成本。

③使用高压蒸汽在真空条件下进行溶液蒸发，不仅会得到最高的 ΔT，蒸汽使用量最少，投资成本最高。在成本和投资之间需要进行所有化工单元操作都要做的"优化"平衡。

多功能蒸发器使用第一级蒸发产生的水蒸气作为第二级蒸发的能量，图 12.3 所示为一个两级多功能蒸发系统。

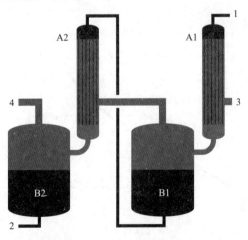

图 12.3　多功能蒸发器

进料(图中的点 1)在(热交换器 A1 中被从点 3 进入热交换器 A1 的蒸汽)加热后蒸发。第一步的产物进入分离罐(B1)。部分浓缩的热溶液进入第二级，而第一级的蒸汽(从 B1 顶部排出)用于进一步蒸发溶液。只有在压力减小、沸点降低的情况下，才能完成以上步骤。最终产物(点2)离开第二级(B2)底部，点4显示蒸汽流入真空系统，形成必要的真空条件。

与投资成本相比电价较低时，可采用真空再压缩方式，将真空条件下蒸发器排出的尾气进行再次压缩，作为主要能源。这将有效回收第二级的蒸汽(点4)，然后返回第一级再次使用，如图12.4所示。

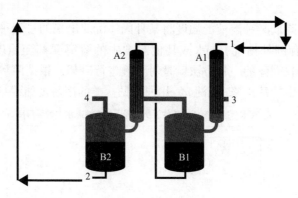

图12.4　蒸发过程中蒸汽的再压缩利用

多功能蒸发还可替代之前讨论过的膜分离工艺，从海水生产饮用水。选择哪一种工艺取决于所用的能源和投资成本大小。

在蒸发过程中，如果进行浓缩的流体黏度快速增加，有必要在管型蒸发器中持续刮擦管壁，防止管内堵塞。图12.5为该类型蒸发器/浓缩器的示意图以及蒸发时刮擦管壁所用的机械设计。

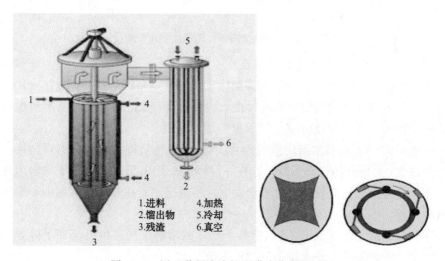

1.进料　　4.加热
2.馏出物　5.冷却
3.残渣　　6.真空

图12.5　用于黏稠溶液的刮膜式蒸发器原理

正如我们之前所讨论的，和蒸馏塔设计一样，在蒸发器设计中不存在唯一正确选项。投资成本和能耗、物理建筑规范以及蒸发或浓缩溶液的物理特性都将成为关键性的决定因素。

12.4 结晶

我们一般把降低某种溶液的温度将某种固体沉淀出来的过程称为结晶。由于大多数物质(也有例外情况)在水或其他溶剂中的溶解度都随温度增加而增加，因此从溶液中回收固体的一种方法就是对溶液进行冷却，根据溶解度曲线，部分固体就会从溶液中掉落出来(沉淀)。几种常见盐类的溶解度曲线见图12.6。

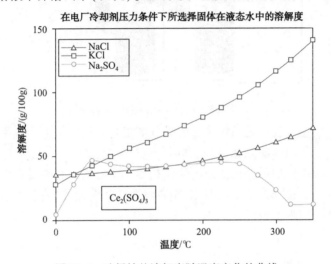

图 12.6 选择性盐溶解度随温度变化的曲线

图 12.6 中有几个需要注意的重点：

①两种盐(氯化钠、氯化钾)的溶解度随温度升高持续增加(单位为 g/100g)，但这两种盐的溶解度曲线的斜率差异很大。氯化钾(KCl)随温度升高溶解度增加的速度要远快于普通食盐(NaCl)溶解度的增加速度。

②硫酸钠(Na_2SO_4)的溶解度在温度升至 60℃ 之前持续增长，然后持平，在温度超过 220℃ 后开始持续下降。这在一定程度上是由于硫酸盐分子与水溶剂的相互作用所导致的，而氯化物就不会发生这种情况。而在非极性溶剂中不希望看到这种偏差，不过这种假设本身就是一个严重的错误。

③硫酸铈[$Ce_2(SO_4)_3$]和其他铈族金属盐的溶解度随温度升高而下降。这就是在热水中洗衣服会有硬水沉积物的根本原因。

结晶的一种方法是使用蒸发结晶。在这种情况下，将溶液蒸发到固体溶解度极限时固体开始沉淀。

这种结晶器与蒸发器类似，但其中的溶液在超过溶解度极限后沸腾，生成固体浆料。这种浆料还需要进一步处理。

结晶从本质上比蒸发更为复杂，因为结晶过程的重点不是浓缩溶液，而是回收液相中有价值的组分。价值体现在结晶体的形状、大小、粒径以及粒径分布。结晶器一般为搅拌式，以更好控制粒径和粒径分布。另外，晶型和粒径分布也会影响结晶器的设计标准。多种盐类，尤其是简单无机盐，在与水进行水合作用时有多种状态，每一种状态都有不同的晶型。结晶器多用于制药和食品生产。产品的形状、平均粒径以及粒径分布是影响其分解和摄入率等生物学功能的关键。

在搅拌式结晶器中，有多种机理同时发挥作用：

①物质的沉淀；

②在之前沉积晶体的表面继续沉积产生新晶体，晶体从而变大；

③搅拌器打碎现有的晶体；

④杂质或结晶溶液(一般指"母液")被包裹在沉积增长的晶体内。

结晶过程可在多种不同的条件下进行：

①间歇式真空结晶。原料溶液通过抽真空进入容器，降低了溶液的沸点。溶液沸腾后物质沉淀出来，生成浆料产物进行进一步加工，如图 12.7 所示。"母液"指的是进料溶液。

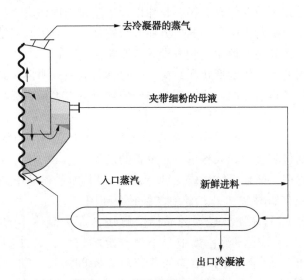

图 12.7　间歇式真空结晶器

②采用简洁冷却的强制循环结晶。该工艺为连续性工艺，因此确保热交换器整体温降较小，以降低固体结块堵塞热交换器的风险，如图 12.8 所示。

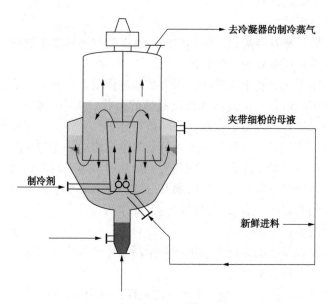

图 12.8　采用间接冷却的强制循环结晶

除了晶体的粒径以及晶体内包含的母液之外，还有其他很多产品特征受结晶器设计和操作的影响：

①积聚和结块。粒径和分布会影响晶体物质的粘合力和强度，后者反过来会在一定程度上导致下游存储仓、箱、料斗以及集装箱内固体成团和结块。

②表面区域。除对①中提及的各方面有影响外，还会影响到结晶体与其他物质的相互作用，尤其是对催化剂配方设计有影响。

③形态。指的是晶体的形状和结构。买过钻石的人都明白，同样克拉的钻石的形状和结构以及折射光的方式，都对其价值和价格产生重要影响。对专用化学品也同样适用。

④堆积密度。粒径和粒径分布会极大地影响到给定质量的物质所占据的空间，进而影响到包装尺寸和大容量存储设备的设计。

⑤生物利用率。如果晶体用作医药产品，在胃和/或血液中的溶解速度是关键。药品粒径分布如图 12.9 中所绘制的粒径分布图。

如果粒径小的晶体比粒径大的晶体溶解快，那么晶体中的绝大多数组分在摄入或吸收后会发生溶解，其中一小部分溶解较快，另外一小部分在最后溶解较快。如果我们希望晶体结构的药物可以瞬间溶解，那就需要设计可以生成粒径分布较窄的微晶结晶工艺，与之前的粒径分布图的对比如图 12.10所示。

这种类型的粒径分布是治疗心脏病的阿司匹林等药品快速溶解的原理。

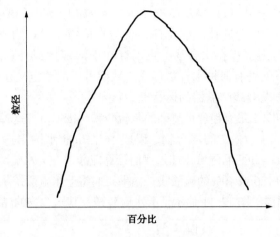

图 12.9　粒径分布

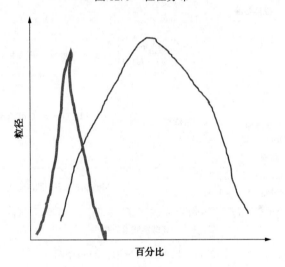

图 12.10　变化的粒径分布

值得关注的还有，在粒径、形状、分布方面进行改变创新都会对下游加工包括干燥、输送、存储产生很大影响。我们将在第 13 章和 14 章讨论这些操作方法。

12.5　晶相图

我们在想到可溶或不可溶盐的时候，一般会联想到这些盐"在溶液中"或"在溶液外"。而在很多情况下，尤其是无机盐，情况会变得复杂。许多无机盐可与水形成水合物，例如，氯化钙($CaCl_2$)可以常见的脱水（无水）形式存在或以水合晶体形式存在，即 $CaCl_2 \cdot 2H_2O$。如果我们使用元素周期表计算不同分子的质量，可得出该水合物中 111/147 或 75.5% 的为 $CaCl_2$。尽管该水合物中大约有 25% 的水，但外形为白色固体。氯化钙还可与水形成 1:6（物质的量比）的水合物。氯化钠（NaCl）则不存在水合物，也不存在于溶液内或外。晶相图显示了在不同温度和浓度下何处有何种水合物形成，从而可以清楚定义在何种条件下生成何种物质，这对蒸发器或结晶器的运行极为重要。

无机盐的晶相图中最有趣、最复杂的是硫酸镁（$MgSO_4$）。这种盐可形成水含量分别为 0.5、1、2、4、6、7 的水合物。组成中含 7mol 水的 $MgSO_4 \cdot 7H_2O$，又称"泻盐"，可用于食品和药品领域。如果我们计算硫酸镁在七水硫酸镁中的比例，结果大概是 120/120+126 或 49% 的硫酸镁。如果我们将七水硫酸镁从容器中倒出，会形成普通的无水固体。图 12.11 显示了七水硫酸镁及其水合物的晶相图。

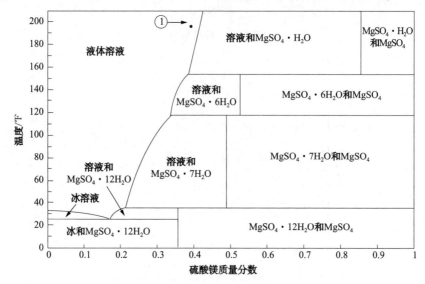

图 12.11　硫酸镁（$MgSO_4$）的晶相图

查看晶相图时我们需要重点关注的几点包括：

①硫酸镁溶液仅能在晶相图左侧所示的硫酸镁含量（约 0~40%）条件下存在，温度范围在 25~200 ℉。

②晶相图告诉我们，在每一质量分数和温度下会存在哪种类型晶体；质量平衡计算告诉我们每种晶体的质量。例如，在 120~150 ℉ 范围内浓度（质量分数）为 53%~100% 的硫酸镁，会存在两种固体的混合物——$MgSO_4 \cdot 6H_2O$ 和 $MgSO_4$（无水）。在晶相图的这部分我们无法选择晶体类型，这就是为什么事先了解某种盐的晶相图非常重要的原因。

③如果未能看懂晶相图导致生产出不合格产品，在实际中产生的固体或液体产品会造成管线和容器堵塞。

12.6　过饱和

过饱和工艺偶尔会应用于生产具有极细颗粒的产品。我们都听说过温水煮青蛙的故事，如果温度缓慢升高，青蛙就不会意识到温度变化，结果最后被热水烫死。结晶器与此正好相反。如果冷却某一饱和盐溶液的速度极慢，那么从效果上看，溶液不会沉淀出所含的盐，但在晶相图的某些点上会有大量极细的晶体快速产生。

12.7　晶体纯度和粒径控制

随着晶体从母液中沉淀出来，会有部分溶剂（晶体从中沉淀出来）被截留在晶体内。相关影响因素包括结晶速度、粒径分布、颗粒形态、表面张力效应。根据最终产品的质量要求，有必要对第一次结晶的产物进行再溶解和再结晶（可能采用不同方式）以生产符合质量要求的产品。

之前讨论过的所有工艺变量都会对粒径控制产生影响，因此需要第二次或第三次结晶以获得满足要求的晶体纯度和粒径分布。在结晶器的设计和运行中必须要充分了解用户和商业要求。

12.8　结语

蒸发和结晶单元操作可用于浓缩含有溶解固体的溶液，或沉淀回收溶解在溶液中的物质。对这些工艺的优化要建立在对溶液的物理化学性质（包括晶相图和密度、表面张力、黏度等液体性质）、对最终产品的粒径和粒径分布要求以及含水固体进行进一步加工充分了解的基础上。我们将在第 13 章~第 15 章讨论包括过滤、干燥、固体加工和存储等下游工艺。

煮咖啡过程中的蒸发

当咖啡从咖啡机中滴入放置在加热板上的玻璃瓶中时，蒸发过程开始，蒸发速度采用本节所给出的基本方程来确定。加热板的温度越高，蒸发速度越快，极大地提高了水蒸发和咖啡浓缩的速度。之前已经讨论过，这同时还会提高咖啡降解的运动速率常数。有些咖啡壶没有加热板，有些是真空瓶的形式。由于水蒸气无法脱离，蒸发无法进行，但香味和口味（化学）降解还会缓慢进行。

如果传统煮咖啡瓶放置在加热板上的时间足够长，固体就会从溶液中沉淀出来，效果和结晶器一样。

问题讨论

1. 如果在工艺中使用蒸发操作，最后想要达到的浓度是多少? 怎样进行控制? 蒸汽压或热源温度的变化对操作的影响有多大?

2. 蒸发器内的液位如何控制? 能否确保所有蒸汽管线区域都得到使用?

3. 如果某种盐溶液被蒸发，是否有相应的晶相图? 操作发生变化时对其有什么影响?

4. 可以影响蒸发器内传热系数的因素有哪些?

5. 污垢堆积到什么程度会出现问题?

6. 如果使用结晶方法，能否看懂晶相图(如果用的话)?

7. 操作条件的变化(搅拌速度、温度下降速率等)是如何影响粒径和粒径分布的? 对产品使用和产品质量的影响如何?

复习题(答案见附录)

1. 蒸发指的是浓缩_____。

A. 某种固体中的液体　　　　　　B. 某种液体中的固体

C. 某种液体中的气体　　　　　　D. 某种气体中的液体

2. 在蒸发器的主要设计方程中要考虑_____。

A. 液体的沸点　　　　　　　　　B. 蒸发器内的压力

C. 热源和溶液沸点之间的温差　　D. 以上所有

3. 被蒸汽蒸发的某种溶液的沸点不受_____影响。

A. 压力　　　　　　　　　　　　B. 蒸汽价格

C. 溶解盐的浓度　　　　　　　　D. 热源和溶液沸点之间的温差

4. 某种盐溶液的沸点会随溶解盐的浓度的增加而_____。

A. 下降　　　　　　　　　　　　B. 需要更多已知条件

C. 升高　　　　　　　　　　　　D. 随浓度变化的平方根升高而升高

5. 如果进入蒸发器的蒸汽压力随着时间缓慢下降，离开蒸发器的盐浓度同时会随时间_____。

A. 上升　　　　　　　　　　　　B. 下降

C. 保持不变　　　　　　　　　　D. 取决于其他因素

6. 可通过使用_____脱除蒸发器蒸汽相中夹带的盐溶液。

A. 喷雾器　　　　　　　　　　　B. 过滤机

C. 旋风分离器　　　　　　　　　D. 除雾器

7. 多功能蒸发器通过以下_____方式发挥作用。

A. 使用一级产生的蒸汽用于另一级的蒸发

B. 使用蒸汽的"超级效果"

C. 冷凝第一级蒸汽然后再次进行汽化

D. 合理利用淡季能源价格

8. 膜蒸发器主要用于_____。

A. 温敏高黏度物质

B. 情绪敏感性物质

C. 缓和你的脾气的物质

D. 以上所有

9. 蒸发与结晶的不同之处在于溶液的浓缩是通过_____。

A. 钻石图的使用

B. 冷却

C. 除蒸汽以外任意一种热源

D. 抽吸

10. 结晶器生成的晶体类型取决于_____。

A. 晶相图

B. 冷却速率

C. 搅拌量

D. 以上所有

11. 根据某种盐和溶剂的晶相图不能确定的是_____。

A. 要形成的晶体类型

B. 随温度和浓度变化各种水合物所形成的位置

C. 在晶相图内的某点上操作产生的费用

D. 如何产生某种特定类型盐的水合物

参考文献

Genck, W. (2003) "Optimizing Crystallizer Scaleup" *Chemical Engineering Progress*, 6, pp. 26–34.

Genck, W. (2004) "Guidelines for Crystallizer Selection and Operation" *Chemical Engineering Progress*, 10, pp. 26–32.

Glover, W. (2004) "Selecting Evaporators for Process Applications" *Chemical Engineering Progress*, 12, pp. 26–33.

Panagiotou, T. and Fisher, R. (2008) "Form Nanoparticles by Controlled Crystallization" *Chemical Engineering Progress*, 10, pp. 33–39.

Samant, K. and O'Young, L. (2006) "Understanding Crystallizers and Crystallization" *Chemical Engineering Progress*, October, pp. 28–37.

Wibowo, C. (2011) "Developing Crystallization Processes" *Chemical Engineering Progress*, March, pp. 21–31.

Wibowo, C. (2014) "Solid-Liquid Equilibrium: The Foundation of Crystallization Process Design" *Chemical Engineering Progress*, March, pp. 37–45.

第 13 章　液-固分离

在第 12 章中，我们讨论了蒸发和结晶操作法，这两种工艺均会产生浆料或潮湿产物(潮湿在这里指的是水或其他溶剂)。因此，产品最后在存储使用前需要进行回收干燥。

13.1　过滤和过滤机

如果蒸发或结晶工艺产生浆料，就需要对其进行过滤，生成半干燥块状物进行干燥。在过滤过程中，也需要根据同一原理从产品液流中脱除固体颗粒。

过滤是将浆料穿过过滤机介质过滤出液体、截留下固体，从而将固体颗粒从液流中分离出来的方法。这种操作方法需要利用压差让流体通过介质。压差是正值，意味着过滤机上部的压力可能高于常压；压差是负值，意味着过滤机下部为抽真空状态，可将流体从介质中"吸"出来。

过滤机的简图如图 13.1 所示。由于颗粒过大无法通过过滤机介质的物质被截留逐渐堆积形成滤饼，小颗粒物质则穿过介质随滤液流出。

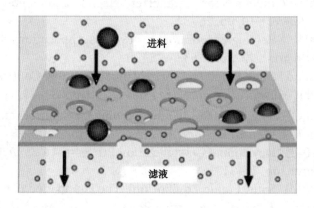

图 13.1　过滤原理

13.2 过滤速度

液体流经固体的速率取决于多个因素：

①介质的总压差(见第 7 章有关流体流动)；

②液体性质(如密度、黏度和表面张力)；

③被滤出固体的粒径和粒径分布(类似通过粗加工以及蒸馏咖啡生产咖啡的差异)。

许多类型的浆料粒径极小，会堵塞过滤机介质的孔洞，因此需要"遮盖"。在这种情况下，需要在过滤机介质上预装入助滤剂，在细颗粒和滤布或过滤介质之间提供一个屏障。经常用于助滤剂的惰性材料包括锯末、炭、硅藻土或其他大粒径物质。

过滤可分为间歇操作和连续操作。如果是连续操作，必须配置一个连续脱除过滤物质的设备。如果是间歇操作，过滤会持续进行直到滤片之间的空间被充满或达到工艺中的压差极值。在任一设计中，必须存在一个压差保证流体可以通过固体。可通过在过滤机上游一侧设泵，或下游一侧进行抽真空，或根据时间将两种方法结合使用。

13.3 过滤设备

旋转真空过滤法是最常见的一种连续过滤工艺，如图 13.2 所示。

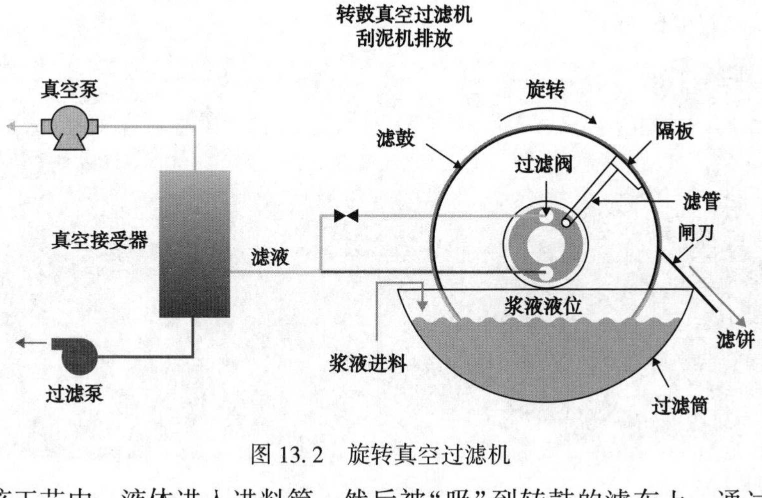

图 13.2　旋转真空过滤机

在该工艺中，液体进入进料筒，然后被"吸"到转鼓的滤布上。通过转鼓内的密封系统产生真空，与外部的真空接受器以及真空泵相接。滤饼在转鼓内转动时(顺时针)"脱水"，到达转鼓另一侧后被刮除出去进一步加工(干燥和存储)，如图13.3所示。

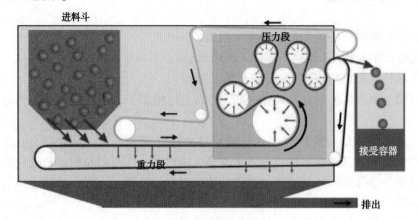

图 13.3 带式过滤机

在采矿业中，过滤被用来回收矿饼，由于矿饼一般都很干燥，因此无需闸刀或其他脱除设备——采用传送带就可把过滤介质从矿饼上抖落下来。另外一种脱除矿饼的方法是旋转刷洗系统。

除了这些连续传送带过滤机之外，还有其他类型的工业用过滤机。一种是半连续板框脱滤机。这种脱滤机使用的滤布被包裹在相互间隔的一个个框架上，用作固体接受器。当框架间的空间被填满后，脱滤机停止运转，收集到的固体在压力作用下被移除进入收集坑内，如图13.4所示。

如果被过滤的液体是有价值的产品，过滤目标是脱除大颗粒污染物，可采用重力加振动过滤的方式。

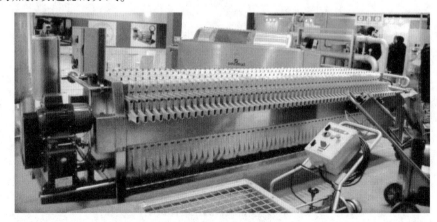

图 13.4 板框脱滤机

过滤机的部分设计和操作参数以及使用的符号如下：

V——滤液体积；

P 或 ΔP——过滤机和介质的总压力或总压差；

ω——每单位体积的固体质量，kg/m^3；

α——滤饼的压缩率，α 值越高，滤饼的压缩率越大，意味着随着滤饼上的压力增加，空闲空间减小，减缓了过滤速度。比如沙子和橡胶的 α 值是正好相反的极限值。

如果打算绘制过滤速度与压缩率的关系图，可参考图 13.5。

确保过滤正常操作的两大基本要素包括恒压或恒速，可根据实际情况将两者结合使用。

如果过滤操作在恒压下进行，滤饼会随时间堆积，对液体流动造成额外的阻力。堆积程度部分取决于滤饼的压缩率。流量和时间的关系如图 13.6 所示。在该图中还显示了滤饼压缩率更高（α 值更高）时流速和时间的关系曲线。

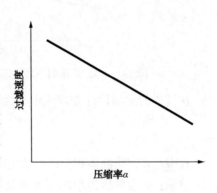

图 13.5　过滤速度与滤饼压缩率的关系

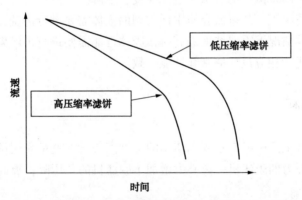

图 13.6　在恒压下通过高压缩率和低压缩率滤饼的流速

压缩率较高的滤饼的 α 值更高，随着过滤的进行，会更快速填充滤出固体内的空隙。直到滤液的流量过低，无法继续过滤，这时关闭过滤机，取出滤饼，对过滤介质进行清洗，操作然后重启。清洗工艺和清洗流速受回收固体物理性质的影响。

如果希望流量稳定，那么压力必须随时间而增加以克服压降随滤饼随时间变厚的问题，如图 13.7 所示。

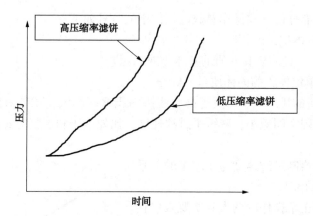

图 13.7　高/低压缩率滤饼进行恒速过滤的压力与时间的关系曲线

在过滤的常用设计方程式中包含流量、压力、固体含量以及压缩率：

$$V = \frac{PA^2\theta}{\alpha w}$$

式中：V 为滤液体积；P 为系统压力；A 为过滤介质面积；θ 为时间；α 为滤饼压缩率；w 为单位体积的固体质量。

如果增加压力、过滤介质面积、时长，过滤速度会增加。如果增加滤饼压缩率或固体在被过滤浆液中的含量，过滤速度会下降。

在大多数情况下，从过滤介质中回收到的固体需要进行清洗，脱除结晶过程中的母液。少数情况下需要纯度极高时，固体可能需要进行再溶解、再结晶、再过滤。如前所述，相应设计原则和性能一致。

13.4　离心机

我们在日常生活中经常看到和使用的一种离心设备就是家用洗衣机。离心机就是增加了离心力的脱滤机，离心力增加了脱滤机的总压降，提高了流经液体的流速和/或流量。

图 13.8 所示为工业连续离心分离机从浆液中分离超大颗粒示意图。分离程度受旋转速度和内部滤网的选择等设计变量控制。由于这类机械设备在分离固体时对固体施加的机械和研磨力，会影响滤出固体的粒径和粒径分布。旋转离心机的效率或外力与其半径和角速度的平方（$r\omega^2$）成正比。旋转离心机可为间歇式（如家用洗衣机）或连续式。如果采用连续移除滤饼的方式（图 13.8），可采用内部螺旋传送设备。螺旋推动母液穿过过滤介质，在半连续的状态下，一个"推动器"沿着机器中间移动，将固体推至暂时存储区，进行干燥、破碎、凝聚等处理。

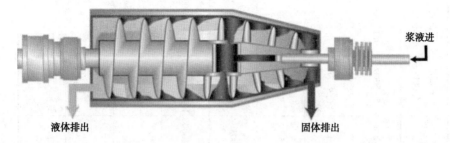

浆液进

液体排出　　　　　　　　固体排出

图 13.8　倾析式离心机

与离心机相关的操作和设计问题如下：

①液体和滤出固体的密度差异；

②进料中的固体浓度；

③液体产率；

④旋转速度；

⑤由于机械接触和推动造成的粒径减小；

⑥颗粒形状和压缩率；

⑦冲刷和清洗能力；

⑧液相的密度和黏度性质；

⑨固体捕获率；

⑩离开离心机的液体透明度。

对各种离心机及其在不同情况下的性能总结如表 13.1 所示。

表 13.2 从不同角度展示了不同类型离心机的各种性能。离心机制造企业对不同类型的离心机有多种测试。

表 13.1　离心机选择

项目	垂直篮筐式离心机			卧式刮刀离心机	PAC 倒立脱滤机	沉降式离心机
	手动卸料离心机	刮刀卸料离心机	cGMP 离心机			
直径/mm	200~1600	800~1800	可达 1250	250~2000	300~1300	~1500
运行模式	间歇式	间歇式	间歇式	间歇式	间歇式	连续式
滤饼清洗	是	是	是	是	是	否
排放	人工	自动	自动	自动	自动	自动
污染	无	有	有	有	有	有
固体过滤性	低到中	低到中	—	中	中	—
体积产率	低	中到高	—	高	中到高	高

表 13.2 不同类型离心机对比

性能参数	垂直篮筐式离心机	卧式刮刀离心机	倒袋离心机	筛网沉降离心机	卷屏式离心机	卧式活塞推料离心机	振动离心机	篮式离心机	管式离心机	卧式离心分选机	圆盘式离心机
粒径/μm	10~100	10~100	10~100	50~5000	100~50000	15~100	500~10000	1.0~1000	0.01~100	5~5000	0.1~100
进料中固体质量分数/%	5~50	5~50	5~50	5~40	30~80	30~60	40~80	1~50	<0.1	0.5~60	0.1~5
液体流速/(gal/min)	1~150(进料)	1~150(进料)	1~50(进料)	1~500	5~200	5~250	300~1000	1~100	<25	1~600	2~600
固体产率/(t/a)	0.01~1.5	0.01~1.5	0.01~0.5	1~100	40~350	5~50	5~50	0.01~3	<0.003	0.05~100	0.001~1.5
离心力/(m/s²)	500~1500	500~1500	500~1500	500~2000	500	500	500~2000	1000~20000	4000~10000	1000~10000	5000~10000
固体清洗	E	E	E	F	F~G	F~G	P	NA	NA	P	NA
固体捕获	E	E	E	G	G	G	G	E	E	E	E
液体透明度	G~E	G~E	G~E	F~G	F~G	F~G	F	E	E	E	E

注：E—优秀；G—良好；NA—不能使用；P—差。

13.5　粒径和粒径分布

无论哪种脱滤机或者离心机，粒径和粒径分布都影响其性能。小颗粒会遮蔽过滤介质，在离心机内小颗粒的加速度与大颗粒相比有所不同，由于粒径的原因会导致滤饼组成不均匀，这一差异会影响到下游的干燥和固体处理操作。

13.6　液体性质

不论使用的是哪种脱滤机，被滤出固体的液体性质会极大影响到通过脱滤机的液体流量。液体性质对脱滤机的影响与对其他流体处理操作(尤其离心机使用)的影响类似。高黏度液体通过固体和过滤介质的速度较慢；高密度流体的速度则较快。如果使用对剪切有响应的异常流体，其黏度会受到离心机旋转速度的影响。

13.7　结语

在化工领域中，液-固分离是很重要的单元操作。脱滤机从某一液体中分离固体的能力取决于液体和被滤出的固体的物理性质、脱滤机的总压降、粒径、粒径分布、压缩率等特性。

回到烹煮咖啡过程

　　咖啡机用研磨咖啡的粒径和粒径分布取决于出售前的研磨设置或在饮用前的研磨程度。这些研磨颗粒的平均粒径和粒径分布各有不同，被放置在咖啡过滤器中。咖啡过滤器有各种外形和几何形状。通过咖啡过滤器的流速以及研磨特征会影响到咖啡的口感"强度"。渗滤器煮咖啡机中过滤研磨咖啡豆的滤液循环使用，研磨的咖啡非常粗糙，而蒸馏咖啡机使用的咖啡颗粒极细，一旦烹煮会产生强烈的香味。用水的温度不仅会影响咖啡的温度，还会影响其黏度以及水滤过研磨咖啡的速度。制作咖啡的最后一步就是一个化工过滤过程。

问题讨论

1. 在使用脱滤机或离心机时，了解包括流速及压力在内的基本参数吗？
2. 使用带有预涂层的脱滤机有粒径限制吗？
3. 怎样确定是否需要采用恒压或恒速过滤？需要重新考虑吗？
4. 需要再次考虑是选择连续式还是间歇式吗？
5. 离心机的设计、种类以及制造商选择的依据是什么？其操作的可靠性如何？

6. 不同粒径分布的进料会改善脱滤机或离心机的操作状况吗？如果可以的话，是怎样做到的？

复习题(答案见附录)

1. 过滤的推动力是_____。

A. 压差   B. 浓度差

C. 温差   D. 气质差异

2. 在_____情况下需要过滤介质上有预涂层。

A. 脱滤机操作室内温度较低   B. 操作指南说明

C. 固体粒径大于过滤介质的孔径   D. 固体粒径小于过滤介质的孔径

3. 如果过滤是在恒压下进行的，流速将随时间_____。

A. 下降   B. 保持不变

C. 增加   D. 需要更多信息

4. 如果过滤产物的体积产量稳定，压力将随时间_____。

A. 下降   B. 保持不变

C. 增加   D. 与流量变化的立方成正比增加

5. 提高脱滤机进料中的固体浓度，其他变量不变，过滤速度将_____。

A. 增加   B. 下降

C. 不受影响

D. 与固体浓度变化的平方根成正比下降

6. 滤饼的压缩率增加会促使过滤速度随时间而_____。

A. 增加   B. 减小

C. 不变   D. 与压缩率平方成正比增加

7. 离心机增加_____会提高过滤速度。

A. 重力   B. 压力

C. 离心/向心力   D. 对更快速度的渴望

8. 离心机的过滤速度与旋转速度的_____成正比。

A. 线性度   B. 平方根

C. 立方   D. 平方

参考文献

Norton, V. and Wilkie, W. (2004) "Clarifying Centrifuge Operation and Selection" *Chemical Engineering Progress,* August, pp. 34–39.

Patnaik, T. (2012) "Solid-Liquid Separation: A Guide to Centrifuge Selection" *Chemical Engineering Progress,* 108, pp. 45–50.

第 14 章 干　燥

如果经过过滤的物质是有价值的产品或来自工艺其他单元的"湿"产物，通常都需要进行干燥，即需要将残留溶剂或水蒸发出去。蒸发的程度主要与客户要求有关，但也一定程度上与干燥后的产品的物理处理方式有关，也就是产品是否需要成块，便于进行存储或货物运输。

为了蒸发溶剂或水，必须有外部提供的热源以及推动力。一般采用蒸汽间接加热，也可以采用热油进行间接加热。在工艺中可采用抽真空方式提高蒸汽压差，加快干燥过程。还可以通过与热空气或蒸汽的直接接触进行干燥，不过后者需要进行某些处理来脱除残留固体颗粒。

由于在干燥过程中需要提高固体物质的温度，必须要注意检查产品分解的可能性(从质量角度)或可能会导致安全或化学事故的分解。

图 14.1 显示了干燥工艺的一般特征。该图还显示了对潮湿固体进行干燥试验得到的研究结果。

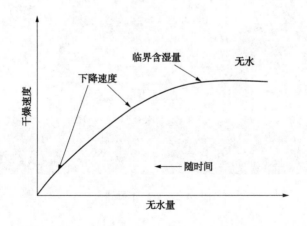

图 14.1　干燥速度与残留水含量的关系图

在干燥工艺开始时，在固体表面有大量水分(或溶剂)。在干燥初期，水分蒸发几乎没有传质阻力，这是因为接触基本上都发生在固体和干燥气体之间。

随着干燥过程的进行，水分(或溶剂)需要从固体表面扩散出来与干燥气体接触，干燥速度开始大幅下降时的水分含量被称为临界含湿量(CMC)。随着残留水分/溶剂开始需要克服固体孔隙内强大的毛细表面张力，干燥速度继续快速下降。在这几种状况下，脱水/脱溶剂的时间明显增加，因此获取低价值产品的经济价值必须要考虑到延长干燥时间和额外能耗的费用。

总之，干燥速度与干燥热源和被干燥物质之间的温差以及接触干燥介质的物质面积成正比，与蒸发热成反比。可通过搅拌、间歇式干燥器内部的翻转、旋转设备内的隔板等增加接触面积。

工业用干燥器有多种类型，下面详细介绍。

14.1　旋转干燥器

旋转干燥器可以是连续式或间歇式，可通过直接加热或真空条件下水/溶剂蒸发进行加热。间歇式干燥工艺通常用于分批控制生产的专用化学品或医药。

在连续逆流干燥器内，固体在倾斜的旋转圆筒内被翻转，同时与热气逆向接触，可设挡板减少与筒壁的粘结，增加气-固接触(图14.2)。

图14.2　旋转干燥器

14.2　喷雾干燥器

在喷雾干燥器中，浓缩浆液或溶液经由喷雾喷嘴高压喷出。溶液雾化后表面积大幅增加，干燥速度加快。干燥介质一般为热空气或热惰性气体(如氮气)，可用于干燥氧敏感产物(图14.3)。

由于喷雾干燥器中的浆液与高速气体接触，可能会导致部分颗粒降解，因此常用旋风分离器或袋滤器来确保小颗粒固体不会被排放到空气中。

干燥器的喷嘴结构需要非常精密，才能使浆液发生雾化。图14.4显示了喷嘴的不同排放模式，会影响到液滴大小或液滴大小分布。排放方式和液滴大小分布还受液体性质以及用于提高雾化度的空气的影响。

回想在流体控制单元讨论过的部分变量，你就可以理解为什么喷嘴的总压降、密度、黏度、喷雾颗粒大小都对干燥器的性能有很大的影响。

图14.3　喷雾干燥示意图

图14.4　喷雾干燥器喷嘴

14.3　流化床干燥器

"流化床"一词指的是气流速度足以使得固体保持悬浮的一种状态。在流化床中，气体和浆液间发生大量湍流和接触，从而产生极快的干燥速度。如果从上方观察固体，看起来就像悬浮的液体。通过气流的加速，所有固体颗粒都可以形成悬浮状态。固体颗粒速度与其粒径和密度以及气体性质的关系图如图14.5所示。

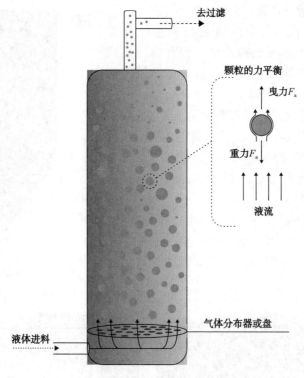

图 14.5　流化床颗粒受力

如果气速足以将潮湿固体悬浮起来，干燥速度将会变得极快，固体滞留时间也会很短，这有利于温度敏感性高的固体减少滞留时间。干燥器的下部区域的湍流一般会导致粒径减小，因此需要在气流出口使用旋风分离器和洗涤器，防止重要物质排放到大气中。

进入支撑盘的浆液和热气的速度足以使固体悬浮起来。这类干燥器还可以设计成固体从左到右移动穿过流速和温度逐渐下降的气流然后再排出。气速必须与受力平衡，以便将固体从干燥器完全提升出去。支撑盘和气体分布盘从理论上与填料精馏塔的塔盘类似，用于平均分布干燥气体以及防止固体从塔底溢出。

14.4　带式干燥机

在带式干燥机中，潮湿固体沉积在一条移动着的传送带上，热气从对面方向缓慢移动过来，温度采用梯度控制，如图 14.6 所示(烘干通心粉)。

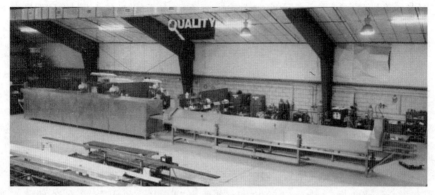

图 14.6　食品带式干燥机

14.5　冷冻干燥机

当我们对极度热敏物质进行干燥时(如水果和蔬菜),不可将这些物质大幅度暴露在热源中。在绝大多数情况下水是需要脱除的物质,如图 14.7 所示,水(及其他物质)的固-液-气三相图中存在一个很有趣的"三相点"现象。

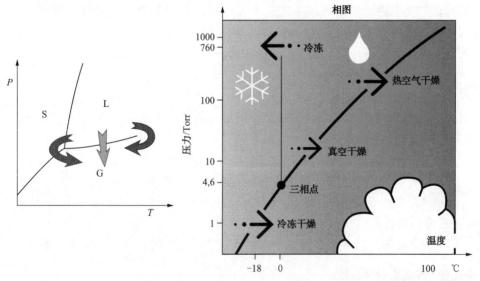

图 14.7　有三相点的相图

(S—固体;L—液体;G—气体,1Torr=133.3224Pa)

水的"三相点"出现在 0℃和 4mmHg 绝对压力(610.75Pa)。尽管产生真空的成本较高,但用于干燥有一定价值的食品如咖啡("冷冻干燥")、干果、水果及蔬菜还是经济的。抽真空是一个间歇工艺,大量产品被放入真空室中停留一定的预定时长，解除真空后，产品被包装起来。在真空干燥工艺中所使用的设备通常为一个简易盘式干燥器，有托盘或搁板插入真空室中，真空室密封形成真空，经过一定时间后解除真空状态，产品被取出进行包装。

14.6 结语

在产品进行最终处理和存储之前采用干燥法脱水或脱溶剂。根据任意给定产品的干燥曲线可粗略估算达到给定残留水分/溶剂时的成本和时间。有多种工业设备用于间歇式和连续式干燥工艺。设备制造商与客户一起对某一型号专用设备进行测试，设计数据一般为经验数据。"干燥"度或残留水分或溶剂对接下来的下游加工(如固体处理等)有很大影响。

咖啡烹煮及干燥
我们一般认为干燥过程与咖啡烹煮没有关系。一般不会(采用某种方式)详细说明咖啡中的含水量。如果含水量是一个重要参数，咖啡或研磨后的咖啡的存储方式将会影响到存储中的水分损失量。残留水分含量对烹煮咖啡的浓度有很微小的影响。在工业上冷冻干燥最开始就是用于生产冷干咖啡。这种在低温高真空度下进行的干燥蒸发工艺，在脱除水分的同时不会导致咖啡温度升高，因此最大程度保留了咖啡的口味。由于该干燥工艺比一般蒸发干燥工艺的能耗要高，因此这种工艺制作出来的咖啡成本较高。

问题讨论

1. 所有被干燥的产品都有干燥速度曲线吗？干燥曲线的影响因素有哪些？哪种工艺条件会对干燥曲线产生影响？

2. 你采用的干燥工艺能够处理客户要求以及公用工程发生变化的情况吗？

3. 现在采用的干燥工艺是怎样选择出来的？有可替代方案吗？

4. 你采用的干燥工艺对粒径及粒径分布的影响如何？对固体处理和客户产品使用的影响如何？

5. 如果你采用的干燥机可以生产极干燥产品，会增加产品的市场机遇吗？

复习题(答案见附录)

1. 干燥是将_____从某种固体物质中移除。

A. 溶剂　　　　　　　　　　　　B. 冷却剂

C. 水　　　　　　　　　　　　　D. 酒精

2. 干燥速度不受以下_____因素影响。

A. 在任意时间点上的溶剂浓度

B. 抽真空或蒸汽费用

C. 干燥器内的搅拌

D. 固体和加热介质之间的温差

3. 在设计和操作喷雾干燥器时的关键变量包括_____。

A. 液体或浆液/气体比

B. 流体黏度和喷嘴总压降

C. 热干燥气体和液体之间的温差

D. 以上所有

4. 旋转干燥机的设计问题包括_____。

A. 可能需要回收粉尘　　　　　　　B. 粒径减小

C. 粉尘着火和爆炸　　　　　　　　D. 以上所有

5. 在_____情况下冷冻干燥是一种有发展潜力的干燥工艺。

A. 有冰箱

B. 固-液-汽三相图允许在一定真空条件下发生升华

C. 冷冻产品有需求

D. 工厂管理者拥有冷冻干燥机制造公司的股份

6. 查看干燥速度曲线可以了解_____。

A. 固体的干燥速度有多快

B. 某种固体干燥到一定的残留水分或溶剂水平时的费用

C. 干燥速度曲线与残留水分或溶剂的关系

D. 通货膨胀速度是如何影响干燥成本的

7. 干燥工艺中经常使用的辅助设备有_____。

A. 旋风分离器和洗涤器　　　　　　B. 备份进料

C. 购买产品的客户　　　　　　　　D. 测算供应链的方法

参考文献

Heywood, N. and Alderman, N. (2003) "Developments in Slurry Pipeline Technology" *Chemical Engineering Progress*, 4, pp. 36–43.

Langrish, T. (2009) "Applying Mass and Energy Balances to Spray Drying" *Chemical Engineering Progress*, 12, pp. 30–34.

Moyers, C. (2002) "Evaluating Dryers for New Services" *Chemical Engineering Progress*, 12, pp. 51–56.

Purutyan, H.; Carson, J., and Troxel, T. (2004) "Improving Solids Handling During Drying" *Chemical Engineering Progress*, 11, pp. 26–30.

第15章 固 体 处 理

15.1 安全及常见操作问题

固体处理与过滤和干燥一样，很少单独作为化学工程的一门课来讲授，因此，固体处理的科学和设计多数是基于理论和制造商和大型企业的工程专家固体处理方面的经验。由于在这一领域的基本培训很少，因此在工业应用中存在着一些副作用：

①固体处理装置启动次数要明显多于液体和气体处理装置的启动次数。

②启动结束后，最终的操作条件可能与设计条件差别很大。

③缺乏对固体和粉尘易燃性和爆炸危害的相关知识会导致严重的粉尘爆炸事故和火灾。火灾和爆炸最容易发生在固体较为集中或能量输入量较高的地方，如料斗和筒仓、研磨机和粉碎机、传送系统以及混合/调和设备。

大多数粉尘爆炸事故都发生在食品、木材化工、金属、橡胶、塑料工业等原料具有一定易燃性的领域。

物质的固态与其气液态的主要不同之处在于固态物质可能存在不同的粒径（如果涉及到雾化或喷雾工艺的话液相也有），在表面积和表面能上差异巨大。表 15.1、表 15.2 为一些物质性质和天然表面积差异。

表 15.1　固体物质的粒径　　　　　　　　μm

固体物质	粒径
海砂	100~10000
化肥，石灰	10~1000
飞灰	1~1000
人的毛发	40~300
水泥灰	4~300
煤灰，面粉	1~100
合成过程产生的烟气	1~50

固体物质	粒径
铁灰	4~20
烟气	0.01~0.1
油漆颜料	0.1~5
自然物质产生的烟气	0.01~0.1

表 15.2　固体的火焰锋力

级别	数据	强度	代表物质
强度 0	0	0	二氧化硅
强度 1	0~200	弱	牛奶、锌、硫、糖、巧克力
强度 2	200~300	强	纤维素、木材、聚甲基丙烯酸甲酯
强度 3	>300	极强	铝、镁、蒽醌

根据常见危害分类标准对固体进行分类，分类方法类似液体的闪点分类：

即使是食糖这种常见物质，也有发生火灾和爆炸的风险，在美国化学品安全与危害调查委员会(Chemical Safety Board)2006 年发布的视频中，回顾了发生在美国皇家糖厂发生的粉尘爆炸事故。糖粉粉尘爆炸在不到 100ms 的时间内所产生的压力超过 100psi，产生的火焰速度超过 500 ft/s。食糖的燃烧下限 [类似可燃液体的爆炸下限(LEL)] 大约是 9%，远低于空气中的氧含量。

对固体和粉尘发生火灾和爆炸的风险评估要比第 2 章讨论的着火三角形复杂一些，如图 15.1 所示。

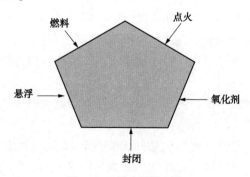

图 15.1　粉尘爆炸要素

我们不仅需要燃料(固体)、氧气以及引火源，还需要让固体粉尘悬浮起来(提高其表面积)或进行封闭浓缩。

预防粉尘爆炸主要有以下方法：

①了解正在处理的固体的燃烧上下限以及粒径和粒径分布的影响。

②消除固体可能集中或堆积的点(如各种连接处)。

③正确使用防爆释放装置及选择正确的通风口尺寸。

④固体传送系统内安装压力传感器。

⑤进行必要的研磨。

⑥在有必要时注入不可燃气体，对真空密封性进行检测。

⑦使用不导电涂料。

有多种测试方法可用于对固体的安全性进行评价：

①爆炸严重程度测试：测量某种固体爆炸产生的最大压力，这种测试与之前讨论的液体最大爆炸压力有些类似。

②物质固态时的最小点火能量(MIE)：与其液态和气态时的值一样，引发火灾或爆炸所需能量都是相同的。

③物质粉尘云状态的最低自燃温度(MAIT)：与其液态或气态时的值一样。

④空气中粉尘的最小爆炸浓度(MEC)：与空气中的液体或气体的爆炸下限相似。燃料(固体)低于某种水平时就无法继续燃烧。

⑤对固体的极限氧浓度(LOC)的测量：与对液体的测量方法一样，固体燃烧需要保持在气相中的最小氧含量。

⑥静电充电测试(ECT)：对固体带电能力进行测量，静电火花可作为引火源。

15.2　固体运输

有多种原因需要转移固体：卸载反应中所需固体原料；将固体从干燥机送去固体分类、研磨，或直接送去存储；向货车或驳船装载。

固体运输可采用多种方式：螺旋输送机，斗式提升机，带式输送机，气动输送机。

螺旋输送机为管状结构，内部有一个旋转螺旋推动固体从一侧到另一侧。螺旋输送机示意图见图 15.2。

螺旋输送机的主要设计变量包括凹槽直径和深度、螺旋的尺寸和旋转速度、螺旋的角度或倾斜度、固体运输深度、螺旋与管壁之间的空隙。如果固体具有很高的粉尘爆炸风险，还需要安全阀、惰化系统和监测系统。

图 15.3 可从另一个角度揭示正在运行的螺旋输送机。

螺旋输送机的设计变量包括：

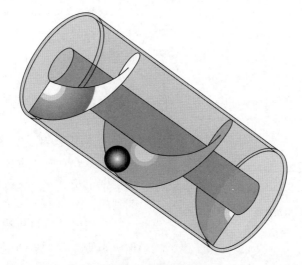

图 15.2　螺旋输送机

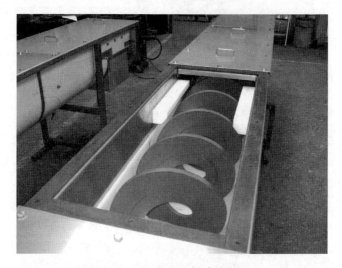

图 15.3　运行中的螺旋输送机

①传送螺旋的速度。

②螺旋和管壁之间的空隙：空隙小不仅可以确保更均匀的定向流动，还可使具有磨损和腐蚀风险的产品进入输送产品中。

③"饥饿"或满负荷输送：这会影响到运输速度、机器磨损程度、粒径磨耗程度。

④冷却或加热螺旋输送机保护罩。

⑤由于运输造成的磨损特性，螺旋输送机可能会导致输送物质发生部分混合以及粒径的减小。

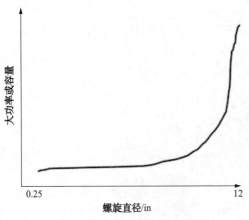

图 15.4　螺旋输送机的能耗

当螺旋输送机用来控制进入反应器或混合器的进料时，通常被称为螺旋流量计。

螺旋输送机的能耗与多个系统特性有关，包括螺旋和螺旋直径，如图15.4所示。

固体密度（越大，能耗越高）、螺旋的转数（越快，能耗越高，粒径磨耗程度也更大）、倾斜角度也都会影响到能耗的大小。

斗式提升机被用来垂直运输固体物质，如图15.5所示。

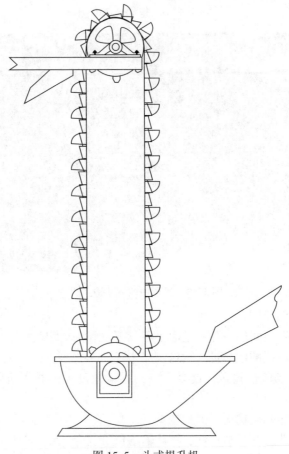

图 15.5　斗式提升机

带式输送机多用于采矿和矿产业的大量运输，图 15.6 中的带式输送机运送的是煤炭，而图 15.7 中的带式输送机将开采出来的硫运送到船上。

图 15.6　矿物带式输送机

图 15.7　带式输送机运输硫

带式输送机的设计变量包括传送带速度、传送带宽度、能耗。带式输送机的常用设计公式为：

$$Q=\rho AV$$

式中：Q 为运送的物质量；ρ 为物质密度；A 为传送带上的固体截面积；V 为传送带速度。

15.3 气动输送机

如果气体量足够大的话，固体颗粒可以被气体"抬升"起来随气体流动，这种输送方法被称为气动输送。图15.8显示的是气动输送系统以及辅助设备的一般流程图。

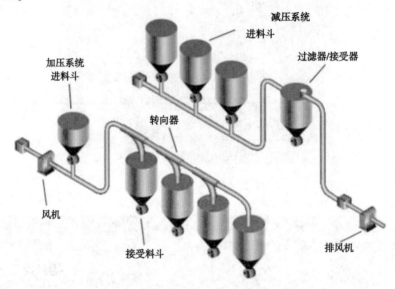

图15.8 气动输送系统

将某一种固体物质输送入存储料斗时可采用螺旋输送机。从料斗来的固体物质与气流(如果存在燃烧问题可采用惰性气体如氮气)混合后一起输送，在足够高的气速下进入接受料斗。最后存储或卸载到漏斗车都会用到接受料斗。气动输送机的控制参数很多，包括料位、气流等。

气动输送机的常见设计依据和问题如下：

①真空或压力驱动。气流在压差作用下才能流动。可以采用在上游一侧负压或接受一侧真空/抽吸的形式。两种方式各有优缺点。压力驱动系统会导致固体粉尘泄漏到大气中。真空系统中存在空气漏进来的情况，会导致固体氧化或形成有害气体。一般来说，如果是同样压降，真空驱动要比压力驱动系统的成本更高。

②粒径分布。如果输送固体的粒径分布较广，小颗粒的运动速度会更快，在接受容器中的固体粒径分布也会发生变化，不同于原来存储容器中的粒径分布。在设计接受容器时需要考虑确保固体气流从接受容器底部无阻碍地流出。

③磨损。如果固体在气流中高速运输，需要解决对输送管线的磨损问题。这取决于固体的自然磨损性、气流流速、输送管线材质等因素。

④脆性。不同固体的"脆性"程度不同，也就是不同固体在受到冲击和剪切力的时候破碎为小颗粒的可能性不同。气流流速高，再加上输送系统里的各种弯头的存在，都会增加接受容器中粒径分布发生变化以及颗粒变小的可能性。

⑤水含量。水含量和湿度会影响固体颗粒相互之间的黏着力。需要对输送气流的湿度进行控制和监测。如果采用真空系统，从系统外部泄漏进来的空气也会增加系统的湿度。

气动输送有稀相和密相两种方式。稀相输送指的是固体在空气中以悬浮状态进行输送，通常用于低密度固体的长距离输送。如果气速较高，颗粒较小，需要采用粉尘收集系统来防止粉尘排放到大气中。

密相输送系统采用少量气体"脉动"推动固体沿管线移动，管线中基本上充满了固体，因此更适用于固体稠密且存在脆性和细粉问题的情况。需要配备对粉尘进行收集的小型简易设备。固体颗粒分解较少，压降较高。

图 15.9 显示了压力及真空驱动输送系统设计的关系和极端情况。

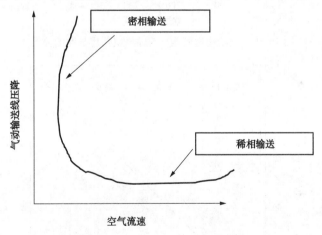

图 15.9　压力及真空驱动输送系统

从图中可以看到两种设计在空气流速和压降之间的平衡取舍。另外很重要的一点是不要设计或尝试在空气流速和压降到达极端情况时运行气动输送系统，这会导致气流脉动和急速涌动，固体可能一段时间内会跑到气相外面去。

对复杂的管网需要采用标记和安全协议来防止液体和气体进入不该进入的容

器,气动输送系统也是一样。正确设计固体输送的路线、设置安全联锁都非常重要,以防止产物不会错误转入其他存储系统或漏斗车中。

气动输送系统的能耗与输送物质的量以及物质是否需要提升有关(如从地面高度提升进入存储仓内)。

图 15.10 和图 15.11 显示了气动输送系统的能耗与输送物质的量、输送机长度及高度的关系。

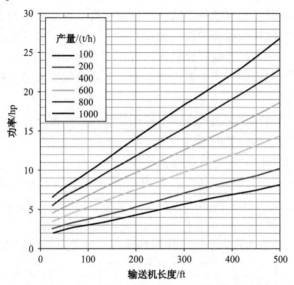

图 15.10　气动输送机能耗与输送机使用长度的关系

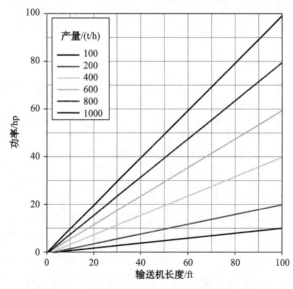

图 15.11　气动输送机能耗与提升高度的关系

15.4 固体粉碎设备

在矿物矿石的开采过程中，采出矿物质固体的粒径经常会过大，不能满足下游的需要，因此需要采用机械方式对矿石进行粉碎。

有多种固体粉碎设备，如锤式粉碎机、棒磨机、研磨机、笼式粉碎机、滚碎机、球磨机等。这些设备都有着各自不同的独特用途，应用范围则互有重叠，通常需要制造商进行多次测试和评估。这些设备普遍存在噪音问题，一般需要听力防护和/或设备隔音。另外这些设备的能耗都相对较高，且需要的固体粒径越小，能耗越大。

下面将对其中一些设备进行更为详细地探讨。锤式粉碎机的基本结构是一个旋转轴，上面连接着多个可自由旋转的锤臂。固体粉碎程度与初始粒径、固体和旋转锤臂之间的硬度差、时长等因素有关。木材切碎机与此类似。图 15.12 所示的是典型的锤式粉碎机的内部结构。图 15.13 所示为另外一种粉碎岩石和矿石的棒磨机。

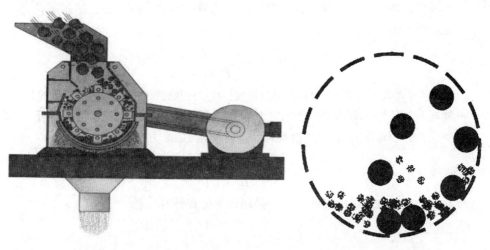

图 15.12 锤式粉碎机　　　　　　　　图 15.13 棒磨机

工业用粉碎机的内部是数千根可自由旋转的钢棒，可提供粉碎所需的冲击力。

球磨机同样也需要磨料，但所用的磨料一般为球形，多用于研磨燃料、石墨、食品、玻璃料、橡胶产品以及纤维产品。这些粉碎机都结合使用压缩和粉碎力来减小粒径。

不管是使用哪种研磨设备，磨料的选择都会受到初始/最终粒径比、磨料与被研磨物质的硬度差、脱色问题、污染以及替换磨料的成本等因素影响。粉碎机的能耗曲线如图 15.14 所示。

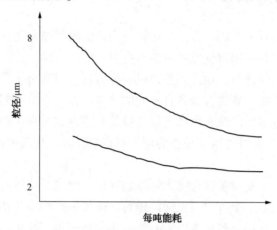

图 15.14　相对能量输入与所需粒径的关系

所需固体粒径越小，产生的能耗会大幅增加。

粉碎机的能耗变化规律与固体粒径减小的范围有关。Kick 方程适用于粒径大于 $50\mu m$ 的固体：

$$E = K_1 \ln\left(\frac{D_{pi}}{D_{pf}}\right)$$

式中：E 与能耗成正比；K_1 为经验常数；D_{pi} 为初始粒径；D_{pf} 为最终所需粒径。能耗与粒径减小程度的对数成正比。该公式再次显示出降低粒径的难度。

对于在 $0.5 \sim 50\mu m$ 范围的细颗粒，通常使用 Bond 方程：

$$E = K_2\left(\frac{1}{\sqrt{D_f}} - \frac{1}{\sqrt{D_i}}\right)$$

对于小于 $0.05\mu m$ 的极细颗粒，采用以下方程计算能耗：

$$E = K_3\left(\frac{1}{\sqrt{D_f}} - \frac{1}{\sqrt{D_i}}\right)$$

固体粉碎设备的相关要求和问题包括：

①设备运行速度：不仅会影响能耗的大小，还会对产生噪音和安全问题。

②设备中的各种机械构件的空间距离：会影响到生产能力，以及机器带来的对产品的金属污染。

③粒径分布：除了平均粒径以外，粒径分布也最有可能发生变化，会影响到下游加工和存储。

④粉碎机的能量输入：会导致被处理的固体温度升高。需要计算能量平衡的

确切数字，对温度进行监测，还要考虑到产品分解的可能性。

⑤除了化学分解问题以外，必须要牢记高速旋转设备发生严重伤害的风险。正确的安全防护、禁止近距离接触等相关步骤必须到位。

与之前讨论过的多种化工操作一样，粉碎机设备的适用范围也存在相互重叠的情况。表 15.3 总结了各种固体粉碎设备及其功能和局限。

表 15.3　粉碎设备选择指南

表 2. 使用该指南选择设备。

产品粒径/μm	5000	1000	500	150	50	10	2	<1	最大硬度	减小比例*
碎石机									硬	10：1
切碎机/切片机									软	20：1
针式/笼式粉碎机									软	25：1
锤式粉碎机									中度	>50：1
辊压机									硬	10：1
气流粉碎机										>50：1
介质磨(滚动搅拌)									硬	>50：1

注：阴影区域显示这种粉碎机适用的粒径大于所示数值。* 表示数据为最大值的近似值。粒径减小比例与被粉碎物质有很大关系。

可以看到，固体物质的硬度、初始粒径、粒径粉碎程度要求等都是选择适合的粉碎机时的重要因素。因此，制造商需要进行大量测试。

15.5　旋风分离器

采用之前讨论过的各种工艺方法对固体进行处理和传送时，经常需要对固体进行粉碎，如果在该过程中使用了气流，一般是不允许将气流排入大气，而且也会造成一定经济损失，因此需要安装粉尘收集系统。

最常见的一种粉尘收集系统是旋风分离器，其在原理上与现在的家用吸尘器没什么两样。气流冲击旋风设备内壁，收集到的固体在底部排放口处被分选出来。如图 15.15 所示。

与家用吸尘器类似，在旋风分离器的内部有一个收集袋防止固体颗粒排出。

从实用角度看，旋风分离器最理想的一个设计是除了底部设有排放和密封设施外没有移动部件。不过这种设备也存在局限性(所有过程设备都一样)，其收集效率是基于可收集固体粒径的对数差，如图 15.16 所示。为防止固体排放到大气或下游洗涤器中，了解性能和正确操作方向的"断点"位置很关键，如图 15.16 所示。

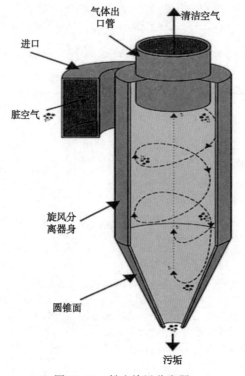

图 15.15　粉尘旋风分离器

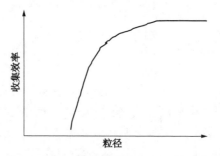

图 15.16　旋风分离器收集效率与粒径的关系图

15.6　筛选机

干燥固体生成后，仍有必要进行筛选，需要根据粒径和粒径分布进行分类。这种操作一般称为筛分，主要用于回收某种粒径的固体。不同固体粒径一般用

"目径"来表示。表 15.4 列出了一些网眼编号与粒径之间的对应转换。

表 15.4　网眼编号与目径之间的对应转换以及代表性物质

美国标准	网线间隙		
筛网网眼编号	in	μm	典型物质
14	0.056	1400	
28	0.028	700	海砂
60	0.0098	250	细砂
100	0.0059	150	
200	0.0030	74	波特兰水泥
325	0.0017	44	淤泥
400	0.0015	37	植物花粉

筛选机利用振动或离心力来分离物质。固体处理和分离速度受以下因素影响：粒径和粒径分布；筛网网眼大小和固体粒径/分布之间的差异；振动速度；固体脆性(受力时断裂的倾向性)。

工艺运行方式有间歇式和连续式两种。

由于振动筛网涉及力学性能的使用，因此其部件很容易磨损，需要定期检测，确保筛网网眼大小不发生变化。

15.7　料斗和料仓

在运输、分离和分类固体物质时，在装到漏斗车、散装袋等固体装运容器前，固体物质通常被存储在料仓或筒仓中。另一方面，客户也必须要卸载或运输固体物质到仓库里去。

在设计固体用料斗和料仓时需要的几个关键设计和操作变量包括：

①固体密度：与液体和气体不同，固体在压力和温度一定的情况下密度是不变的，我们表征固体密度采用两种方式：堆积密度(ρ_B)是指固体装入某个容器时的密度；振实密度(ρ_T)是指物质被"振动"或"晃动"后的密度。振实密度要大于堆积密度，在日常生活中，我们在打开装粮食的容器时就会看到这一现象。容器在之前工厂填装时是满的，在处理和运输过程中粮食沉降下来，导致容器变得不满了。振实密度和堆积密度的比为 Hausner 比，以 ρ_T/ρ_B 表示。

②剪切力：用来测量固体"刺到自己"的能力或将其他固体"剪切"成小颗粒固体难度的相反值。剪切力在固体领域是很重要的参数，因为在流动和移动过程中，固体受到外力作用，会导致颗粒变小。一种物质的耐剪切力可表示为在与固

体表面平行的方向上每单位区域的受力。这一数值越高，固体在运输或移动时发生降解的可能性越小。

③拉伸力：是指固体对垂直于固体表面的外力的反作用力(想象撕开一张纸的情形)。如果固体的拉伸力较小，则固体在受到机械冲击时更容易断开。在考虑固体颗粒通过传送设备时的降解程度时，这是一个重要参数。

④Jenike 剪切力：固体由传送系统被送进料斗后，从料斗或料仓移出的能力不仅取决于前几个变量，还受到固体与料斗或料仓材质之间的剪切力的影响。如果固体与器壁之间的黏着力很强，固体很容易"悬挂"在器壁上，从料斗流出的流量不均匀，固体从料斗中心流出的速度要高于壁侧的速度。

一种常用于测量固体的"休止角"的简单物理测试如图 15.17 所示。

固体颗粒之间的黏着力越强，休止角越大。通过观察料理台上放着的一堆糖或面粉所形成的角度，就可以对这一现象有所了解。测量这些变量时需要考虑到大气条件，湿度也可能对这些变量有一定影响。

图 15.17　固体物质的休止角

如果没有考虑到所有这些变量，在实际的工业设备中就会产生以下后果：

①无物料流动：如果器壁的黏着力和固体的内聚强度大于引力的话，会导致物质无法向下流动。

②不稳定物料流动：如果这些作用力大小接近，就可能出现固体发生不稳定流动和停止的情况。

③不均匀物料流动：这些作用力的平衡可能促使固体流动，但由于固体粒径的差异，进入料斗与离开料斗的流体均匀性可能存在很大变化。

④溢流：在固体不稳定流动的极端情况下，固体由于黏着力的作用悬挂在料斗中，当受力平衡突然打破时，可能会突然快速上升离开料斗。

料斗的金属材质出口的角度间接反映出了休止角的大小。休止角越大，固体就越难从料斗中出来。如果料斗设计不当，就需要在料斗底部由操作人员用大锤将悬挂在料斗中的固体"释放"出来。

15.8　固体混合

进入料仓或料斗存储系统的固体有时需要进行混合，或把数个料斗中的固体混合到一起。在设计传送设备时，固体混合物的性质是关键，不能从数学上平均各种固体物质的特性。可使用多重螺旋输送机系统或垂直锥混合系统进行混合操作。

固体混合操作的一些要点总结如下：

①从化学工程的角度看，固体是很独特的物质，其性质及可加工性和处理性不仅仅取决于其化学分子式。固体处理时粒径和粒径分布等变量是关键变量，而在处理气体和液体时则一般不是。

②固体特性受固体处理、输送、存储设备的影响很大。在设计或指定设备时常犯的错误是基于设备的输入数据而不是输出数据。

③在大学中没有该领域的专门课程，导致主要的实践和理论知识都在制造商和专业顾问手里，都只能局限在公司范围内外。

④固体的可燃性和火灾危害性经常被人忽视。粉尘爆炸可能会导致和石化企业火灾和爆炸同等程度的危害和人身伤害。许多固体处理设备都会向固体系统输入大量能量，因此需要全面了解与热量输入相关的热量平衡。

⑤可用于处理和加工不同固体的设备有很多选择，需要对工艺和产品要求充分了解，做出无偏向选择的能力。

固体和咖啡烹煮

咖啡渣和咖啡豆都是固体，因此本章涉及到的设备均可应用，不过无需向客户展示。咖啡豆从树上采摘下来后需要进行运输和存储，然后送至咖啡烘烤（化学反应）工厂，最后进行真空包装（减缓化学气味降解的速度），然后运送到仓库，最终放进零售商场的货架。

更常见的情况是对咖啡豆进行研磨后进行真空包装或罐装（相同原因），然后也同样送至仓库和零售商场的货架。处理大量研磨咖啡需要涉及之前讨论过的所有固体运输和存储操作方法。粒径减小的程度将决定咖啡粉末是"振动"咖啡、"滴滤"咖啡还是"蒸馏"咖啡。咖啡颗粒越小，则在烹煮过程中与水接触的表面积越大，烹煮的咖啡口味越强。许多咖啡制造商会将咖啡豆研磨到最细，以减少氧化降解的表面积（动力学和反应工程）。

问题讨论

1. 固体处理在你的工艺中的重要程度如何？原材料的因素影响有多大？中间产物的因素影响又有多大？最终产品呢？

2. 对各种固体的性质了解程度如何？这些数据在固体处理设备设计中有何影响？

3. 你的客户对滚筒或漏斗车中难以清除的板结产物有意见吗？产生这一问题的原因是什么？这是新出现的问题吗？如果是的话，怎么处理？

4. 如果你的客户要求的产品干燥度不同，该怎样生产这种产品？加工成本是多少？该对哪种新设备进行评估？

复习题(答案见附录)

1. 固体粉碎的能耗主要与以下_____因素有关。

A. 能源价格   B. 入口粒径与出口粒径

C. 锤式粉碎机或粉磨机尺寸   D. 操作人员运行设备用力大小

2. 旋风分离器的主要设计优点和缺点是_____。

A. 无移动部件，颗粒分离快   B. 无电机，颗粒收集程度低

C. 可在农业区制造，但不能用于收集大玉米芯

D. 尺寸较小，噪音较大

3. 评价固体内聚力的一个关键固体性质是_____。

A. 粒径   B. 固体堆积高度

C. 懒惰斜率   D. 休止角

4. 设计较差的料斗可能会导致_____。

A. 底部阀门打开的时候无物料流出   B. 粒径不同的物料混流

C. 物料流动变化激烈   D. 以上所有

参考文献

Note: Due to the unique nature of solids handling equipment, several videos are listed at the end of this resources list to allow visualization of the working of some of the equipment discussed. Some of these videos are commercially produced. Neither the author, AIChE, nor Wiley endorses any of the particular equipment demonstrated.

Alamzad, H. (2001) "Prevent Premature Screen Breakage in Circular Vibratory Separators" *Chemical Engineering Progress*, 5, pp. 78–79.

Armstrong, B.; Brockbank, K. and Clayton, J. (2014) "Understanding the Effects of Moisture on Solids Behavior" *Chemical Engineering Progress*, 10, pp. 25–30.

Carson, J.; Troxel, T. and Bengston, K. E. (2008) "Successfully Scale Up Solids Handling" *Chemical Engineering Progress*, 4, pp. 33–40.

Maynard, E. (2012) "Avoid Bulk Solids Segregation Problems" *Chemical Engineering Progress*, 4, pp. 35–39.

Mehos, G. (2016) "Prevent Caking of Bulk Solids" *Chemical Engineering Progress*, 4, pp. 48–55.

Mehos, G. and Maynard, E. (2009) "Handle Bulk Solids Safely and Effectively" *Chemical Engineering Progress*, 09, pp. 38–42.

Zalosh, R.; Grossel, S.; Kahn, R. and Sliva, D. (2005) "Safely Handle Powdered Solids" *Chemical Engineering Progress*, 12, pp. 22–30.

第16章 罐(釜、槽、箱、缸)、容器、特殊反应系统

力学和结构工程师负责罐(釜、槽、箱、缸)和容器的实际物理设计和详细规格要求(壁厚、选用的金属合金等)。不过还需要化学工程数据来确定设备总的几何结构和几何比例、压力和真空要求以及耐液体、固体以及气体腐蚀的材料。

16.1 分类

罐(釜、槽、箱、缸)和容器可分为三大类：

①存储或间歇式容器：在该类情况下，我们使用罐(釜、槽、箱、缸)和容器存储原料、中间产物或最终产物。存储对象包括原料、中间产品、最终产品和库存产品。也可指"日箱"，其中的大部分物质在进行下一步加工前需要进行定量分析。这种存储罐也可作为工艺中间点用于沉降层或使固体或"抹布层"沉淀下来。储罐有时也用于反应或结晶后的沉淀器。尽管这些反应条件或使用都是良性的，也必须要考虑到泄漏、溢流、产品污染、腐蚀等安全问题。

②加压和减压容器：大多数储罐在常压下运行，除非所存储物质是液化压缩气体。由于这类储罐多为保守设计，因此一般可耐受一定压力。不过这类储罐不能耐真空，在真空条件下会坍塌。如果储罐需要在加压条件下工作，其压力等级必须满足这一要求。储罐的排气口在常压设计条件下必须要保持通畅，不能堵塞。如果维修结束后被遮挡的排气口没有打开，就会导致这种情况的发生，或者如图 16.2 所示，排气口被蜂巢堵住。

③工艺和搅拌罐：一般指的是反应容器和进行搅拌的存储容器。我们主要关注的是过程反应容器。之前讨论过反应速率和动力学，实际使用的化学反应器的设计融合了所有这些原理。在结晶和沉淀反应器设计中这两类基本原理的应用有所重叠。

16.2 腐蚀

除了内容物和外部环境会导致罐(釜、槽、箱、缸)产生腐蚀问题之外,地面上的罐(釜、槽、箱、缸)与土壤接触也会造成电化学腐蚀,罐(釜、槽、箱、缸)的金属与土壤中的水分接触,成为电化学回路的一部分(电池)。需要对此进行日常监测,提供反向电流抵消所产生的电流,确保罐(釜、槽、箱、缸)底部(一般无法直接看到)不会坍塌或泄漏。

罐(釜、槽、箱、缸)或容器的物理设计不仅包括体积和压力等级等指标(尤其是用作反应器处理或生成气体时),还包括如直径、高宽比等几何数据、法兰、壁厚(涉及腐蚀问题)、建筑材料、罐(釜、槽、箱、缸)周围的冷却或加热设备等。力学和土建工程师需要参与设计,确保容器满足工业规范,罐(釜、槽、箱、缸)建筑和安装过程中的焊接也需达到规范要求。

罐(釜、槽、箱、缸)和存储容器一般不存在安全风险还是很具有吸引力的。然而当罐(釜、槽、箱、缸)和存储容器储存了大量有害物质发生泄漏时,也会造成严重安全事故。化学过程安全中心(The Center for Chemical Process Safety)(http://www.aiche.org/ccps),其成员超过150家化工企业,对化学过程安全开展研究并向化学工程师提供学习范本,对2005年在英格兰发生的一起单一储罐典型事故进行了研究(图16.1)。

在本章总结部分对该次事故有详细讨论,出于多个重要原因,随时了解储罐的库存非常关键:

a. 储罐溢流或未充满会导致溢流或损坏储罐配套泵。溢流还会导致可燃物质排出(最终与引燃物质接触),物质泄漏会对环境造成污染或人身伤害。多个州和联邦都有相关法规要求,但不发生泄漏是主要目标。

b. 如果不知道储罐内存储物质量和体积的确切数值,会对上下游加工装置产生不利影响。

c. 必须要知道储罐或容器的内部压力数值,原因有两方面:首先,容器内部压力大于设计压力会导致容器破裂;其次,要考虑到储罐存储物质在真空条件下的变化。大气压并不是0,在海平面的数值约为14.7psig,海拔增加时数值会稍微减小。许多储罐和容器都可以承受一定程度的压力,但却不能承受太大的外压(即外面大气压和储罐内真空之间的压差)。图16.2显示了某未设计真空处理条件的容器发生排气口堵塞的后果。如果维修结束后被遮挡的排气口没有打开,就会导致这种情况的发生,或者如图16.2所示的排气口被蜂巢堵住。

Overfilling Tanks — What Happened?

Photograph courtesy of Royal Chiltern Air Support Unit.

On Sunday, December 11, 2005, gasoline (petrol) was being pumped into a storage tank at the Buncefield Oil Storage Depot in Hertfordshire, U.K. At about 1:30 A.M., a stock check of the tanks showed nothing abnormal. From about 3 A.M., the level gage in one of the tanks recorded no change in reading, even though flow was continuing at a rate of about 550 m³/h (2,400 U.S. gal/min). Calculations show that the tank would have been full at about 5:20 A.M., and that it would then overflow. Pumping continued, and the excess gasoline overflowed from the top of the tank and cascaded down the sides, forming a liquid pool and a cloud of flammable gasoline vapor. At about 6 A.M., the cloud ignited, and the first explosion occurred. This was followed by additional explosions and a fire that engulfed 20 storage tanks. Fortunately, there were no fatalities, but 43 people were injured. Approximately 2,000 people were evacuated. There was significant damage to property in the area, and a major highway was closed. The fires burned for several days, destroying most of the site and releasing large clouds of black smoke, which impacted the environment over a large area.

Did You Know?

Photo courtesy of Royal Chiltern Air Support Unit.

▶ Overfilling of process vessels has been one of the causes of a number of serious incidents in the oil and chemical industries in recent years — for example, the explosion at an oil refinery in Texas City, TX, in March 2005.

▶ The tank involved in this incident had an independent high-level alarm and interlock, but these components did not work. The cause of the failure is still under investigation.

▶ A spill of flammable material, such as gasoline, can form a dense, flammable vapor cloud. This cloud can grow and spread at ground level until it finds an ignition source. This ignition source can cause the cloud to explode.

What Can You Do?

Photo courtesy of Hertfordshire Constabulary.

▶ When you transfer material, make sure that you know where the material is going.

▶ When you are pumping into a tank, and the level or weight indicator in that tank does not increase as you would expect, stop the transfer and find out what is happening.

▶ Make sure that all safety alarms and interlocks are tested at the frequency recommended in the plant process-safety-management procedures.

▶ If you have alarms and interlocks that are not regularly tested, ask the plant process safety manager if they are safety critical and whether they should be on a regular testing program.

Read the reports about this incident at:
http://www.buncefieldinvestigation.gov.uk

If you are pumping material, be sure you know where it is going!

CEP September 2006 www.aiche.org/CEP **17**

图 16.1 储罐溢流的后果

Vacuum Hazards — Collapsed Tanks

February 2007

The tank on the left collapsed because material was pumped out after somebody had covered the tank vent to atmosphere with a sheet of plastic. Who would ever think that a thin sheet of plastic would be stronger than a large storage tank? But, large storage tanks are designed to withstand only a small amount of internal pressure, not vacuum (external pressure on the tank wall). It is possible to collapse a large tank with a small amount of vacuum, and there are many reports of tanks being collapsed by something as simple as pumping material out while the tank vent is closed or rapid cooling of the tank vapor space from a thunder storm with a closed or blocked tank vent. The tank in the photograph on the right collapsed because the tank vent was plugged with wax. The middle photograph shows a tank vent that was blocked by a nest of bees! The February 2002 Beacon shows more examples of vessels collapsed by vacuum.

Did you know?

▶ Engineers calculated that the total force from atmospheric pressure on each panel of the storage tank in the left photograph was about 60,000 lbs.
▶ The same calculation revealed that the total force on the plastic sheet covering the small tank vent was only about 165 lbs. Obviously this force was not enough to break the plastic, and the tank collapsed.
▶ Many containers can withstand much more internal pressure than external pressure — for example, a soda can is quite strong with respect to internal pressure, but it is very easy to crush an empty can.

What can you do?

▶ Recognize that vents can be easily blocked by well intended people. They often put plastic bags over tank vents or other openings during maintenance or shutdowns to keep rain out of the tank, or to prevent debris from entering the tank. If you do this, make sure that you keep a list of all such covers and remove them before startup.
▶ Never cover or block the atmospheric vent of an operating tank.
▶ Inspect tank vents routinely for plugging when in fouling service.

Vacuum — It is stronger than you think!

图 16.2　存储容器抽真空的后果

搅拌釜和搅拌容器有多种用途，可用做反应器、结晶器、混合釜、沉淀器。常见搅拌容器如图 16.3 所示。

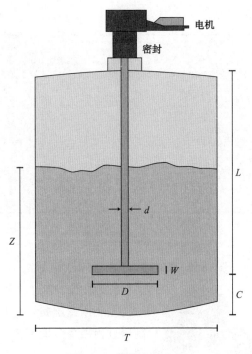

图 16.3　搅拌容器参数

从物理设计的角度看，在搅拌釜设计中必须要选择的参数包括：

①直径和高度：这两个参数的数值将决定搅拌釜的总体积。在设计搅拌釜的体积时，必须要考虑反应物或反应生成气体的体积。如果容器内主要为间歇反应，还必须要考虑反应器体积以及反应器填充、排放和清洗的时间。

②高径比(Z/T)：指的是搅拌釜内液体高度和搅拌釜直径的比值。该比值会影响搅拌器系统以及其电机和驱动的物理受力。例如，如果一个容器为短粗型，那么在垂直轴方向受到的压力就较大，搅拌系统在左右混合时会有困难。在另外一种极端情况下，如果容器为高瘦型，则侧向混合程度优异，从上至下的混合程度很差，搅拌器轴的平行方向受力很大。如果挡板与轴附着到一起或者液体黏度和密度较高，则这些因素的影响会更大，液体混合需要更大能耗。

③搅拌桨：图 16.3 显示了在搅拌器轴的底部附近仅有一个搅拌桨。在垂直方向还可安装多个搅拌桨。所需搅拌桨数目与液体的物理性质差异、搅拌釜的 Z/T 值以及搅拌釜能达到的马力有关。

根据经验法则，气体如果占据搅拌釜20%的体积，釜的高径比应在 0.8~1.4 之间。不论是选择哪种搅拌系统，都必须要满足标准马力和齿轮箱的要求。

如果搅拌釜装的是固体，则固体物质的沉降速度非常重要，会间接影响到搅拌设计。沉降速度不仅与密度差异和固体浓度有关，还受到固体黏度的影响，如图16.4所示。

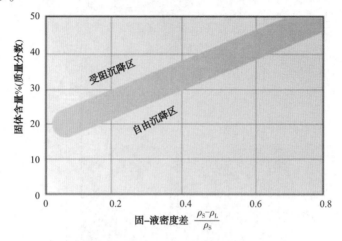

图16.4　沉降与密度和固体浓度的关系

图16.5　推进器搅拌器

容器用搅拌器有很多种：

①船用螺旋桨：主要用在船只上，由于制造过程需要铸造工艺，因此价格较高，如图16.5所示。

②涡轮搅拌器：开发出来主要是替代铸造混合器和推进器，具有多功能的特点。可对其几何结构进行调整，以适应各种工艺条件，制造成本也相对较低。涡轮搅拌器实物如图16.6所示。

图16.6　涡轮搅拌器

叶片的间距和数目可以调整，以满足不同混合要求、不同气液比以及液体黏度和密度的差异。水平叶片的直径与轴直径以及附件都可进行调整。附着的叶片也可以弯曲，从而提高泵吸/搅拌比。

这些几何机构上的差异会影响搅拌器的从左到右(搅拌)以及从上到下(抽吸)的功能，如图16.7所示。

如果反应沉淀出来的固体覆盖到器壁上会影响传热作用，可以在容器内置入一个缓慢移动的"刮板"，将固体从器壁上刮除下来。

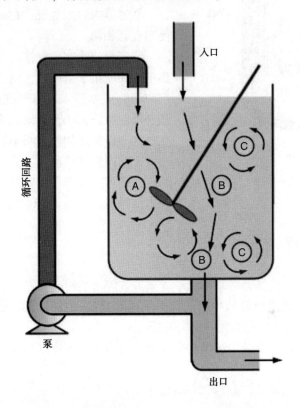

图 16.7　搅拌引起的流动方式：从左到右和从上到下

16.3　加热和冷却

反应容器和反应釜必须进行加热或冷却时，有三个基本选项可供选择：

①容器夹套：蒸汽或冷却液可注入到容器夹套中。传热速度采用之前讨论过的传热方程进行计算：

$$Q = UA\Delta T$$

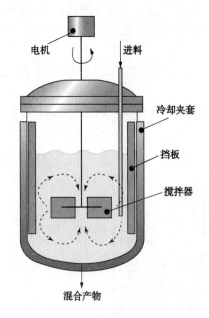

电机　进料

冷却夹套

挡板

搅拌器

混合产物

图 16.8　反应容器的搅拌、挡板和夹套

在搅拌槽中，总传热系数 U 受流体性质（黏度、密度、热容）以及搅拌速度的影响。如果化学反应在容器内发生，随着化学反应的进行，这些性质会随时间发生变化（物理性质发生变化），必须要考虑到这些变化的影响因素。如果反应中有气体参与，传热的计算会更复杂。

②容器内置入盘管：在应用上的问题与使用夹套相同。

③蒸汽或冷却水直接注入：只要考虑到热平衡和质量平衡问题，就可以直接注入蒸汽（加热）或水进入反应器进行加热或冷却。还必须要考虑到工艺蒸汽的稀释问题。由于在蒸汽和被加热物质之间不存在屏障，传热速度要比间接加热高得多。

④还可以考虑在反应器夹套内增加湍流和内部挡板，如图 16.8 所示。

16.4　功率要求

槽式或容器式搅拌器的功率大小受到以下因素的影响：需要进行搅拌的物质的量；在搅拌槽或搅拌容器中的液体或气体的物理性质（密度、黏度）；气液比和气（液）/固比；搅拌槽的几何结构设计。

用来计算搅拌槽系统中物质的物理性质与湍流、搅拌以及能耗的关系的有以下几个方程。

①搅拌槽中的湍流（搅拌桨雷诺数）可采用下列公式推算：

$$N_{Re} = \frac{D^2 N \rho}{\mu}$$

式中：D 为搅拌桨直径；N 为轴速；ρ 为流体密度；μ 为液体黏度。

增大搅拌桨直径、旋转速度和密度，湍流增加；随着液体黏度加大，湍流下降。要根据容器性质和容器内条件而不是根据进料来计算湍流雷诺数。

②还有搅拌桨的"泵送准数"的计算公式：

$$N_p = \frac{P}{\rho N^3 D^5}$$

从该方程式可以看出，搅拌容器的功率大小主要取决于轴速和搅拌桨直径。这一关系部分解释了为何搅拌容器和搅拌槽的极限设计不实用的原因(高瘦或短粗型)。

搅拌槽内的搅拌可结合机械搅拌和空气(或其他气体)流动来进行。搅拌器与气体压缩系统结合使用时两者的功率相加产生的能耗最低，如图 16.9所示。

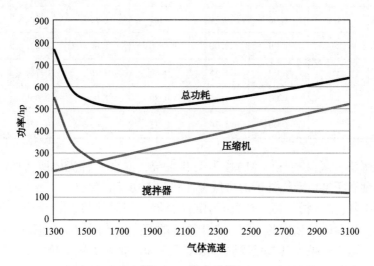

图 16.9 最小功耗

搅拌功率还受到罐内液位的影响，如图 16.10 所示。

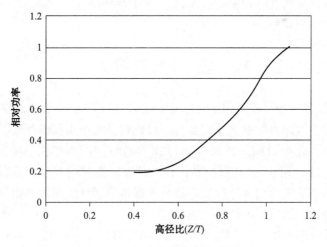

图 16.10 功率与液位的关系

功率还受到挡板数和容器内高径比的影响，见表 16.1。

表 16.1 功率需要量与高径比以及搅拌桨数的关系

高径比 (Z/T)	搅拌桨数	平方批次功率平均基准					
		50/50		70/30		90/10	
		相对扭矩	相对功率	相对扭矩	相对功率	相对扭矩	相对功率
0.5	1	1.00	0.79	1.41	1.12	1.80	1.43
1	2	1.00	1.00	1.00	1.00	1.00	1.00
1.5	3	1.00	1.15	0.86	0.99	0.73	0.84
2	4	1.00	1.26	0.80	1.00	0.60	0.75
2.5	5	1.00	1.36	0.75	1.02	0.52	0.70

可使用罐(釜、槽、箱、缸)作为调和系统，混合两种流体所需的时间受两种流体黏度和密度以及搅拌器的机械设计和输入功率的影响。

还可将罐(釜、槽、箱、缸)作为沉淀容器，使固体得以在反应后或过滤前沉淀出来。随着固体浓度的增加，由于固体的沉降导致固体相互阻碍，固体沉淀速度下降。这一现象尤其常见于固体浓度大于 40% 的高黏度流体中。

需要认真研究混合容器中的流动方式，尤其是需要混合均匀的时候。容器中从上到下的混合需要的能耗比简单的从左到右混合要高。如果生成气体或气体作为反应物，或者使用气体辅助搅拌系统，搅拌器功率与气速之间存在最佳比值，可减小总的功率需要量。

16.5 反应罐(釜、槽、箱、缸)和容器

当使用罐(釜、槽、箱、缸)作为反应器时，其尺寸大小和总循环时间都是重要参数。当容器作为间歇式反应器时，设计容器大小不仅必须要考虑到反应时间，还要考虑到充填时间、排放时间以及清洁时间。偶尔也会有所谓"半连续式"的罐(釜、槽、箱、缸)式反应器，指的是反应组分进入反应器以及在填装过程发生反应都是半连续的。这种反应器一般都是快速反应系统。当反应器被填满以后，切断物料，然后移出产物。

在反应系统中的罐(釜、槽、箱、缸)和容器的常见应用还有连续搅拌反应釜(CSTR)。物料持续进入反应器，物料在反应器中停留一段时间用于发生反应，产物则从反应器持续流出。我们可以观察一下反应罐(釜、槽、箱、缸)设计中

的进料方式。根据进料的物理性质(黏度、密度)的不同，如果其中一种进料是气体而非液体，则进料可采用图 16.11 中方式(靠近搅拌桨)来加快混合速度。

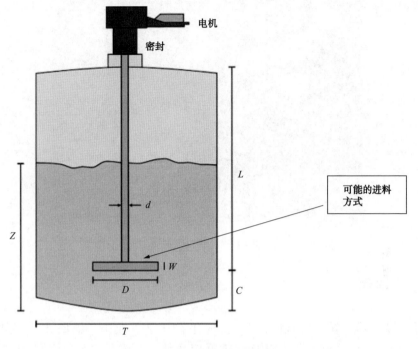

图 16.11　搅拌容器的进料

在反应容器外可使用冷却夹套，冷却放热反应或平衡搅拌产生的热量。使用挡板来提高容器中的混合程度。反应容器的大小与所发生反应的动力学有关。反应速率越慢，容器体积越大。还可以采用外部冷却或内部热交换管线对系统进行冷却或加热。

16. 6　静态混合器

如果反应速度极快或物质之间的物理性质差异极小，可采用静态混合器进行混合或在管线内进行反应，如图 16.12 所示。

这些同轴混合器在很短的管线中就可以达到充分混合的效果，主要缺点是压降偏高。可适用于具有不同成分和物理性质的溶液和固体的同轴混合，也可在极短时间内完成化学反应、沉淀、溶解。除了压降太高之外，由于处理的液体和浆液可能存在磨损成分，这些设备还存在内部腐蚀问题。

图 16. 12　静态混合器

16. 7　结语

罐(釜、槽、箱、缸)和容器广泛应用在化学工业中,领域涉及存储、倾倒、沉降、产品分离、分析以及化学反应系统。其设计受限于压力和搅拌要求、气/液/固比、容器规范以及反应器中的反应动力学。容器和罐(釜、槽、箱、缸)的设计细节必须满足 ASME 的各种规范要求。在不需要批量隔离和高压降不影响使用的情况下可采用同轴混合器替代罐(釜、槽、箱、缸)来降低成本。

咖啡烹煮罐和容器

最常见的两种是烹煮咖啡的烧瓶和装咖啡的咖啡杯。烧瓶可以是玻璃或金属材质的。玻璃易碎且需要防烫保护,工业应用上也存在相似问题。玻璃具有防腐蚀性,但容易结垢,需要进行脱除。金属容器安全系数高,但存在腐蚀速度的问题。虽然对于一杯热咖啡来说,这些都不算什么,但这些因素依然存在。

研磨好的咖啡有时也可存储在真空容器中,但器壁必须具备抗外压能力。

咖啡杯在加入奶油和糖/甜味剂(固体)后就成为搅拌容器。咖啡的口感与搅拌持续时间以及使用的搅拌器(勺子、搅拌棒等)有关。

问题讨论

1. 你的工艺中搅拌槽和搅拌容器是怎样使用的？是如何选择搅拌方式和类型的？在有新型设备的情况下有没有对这些决策进行复议过？

2. 搅拌物质的物理性质(密度、黏度)发生变化时对搅拌系统有什么影响？

3. 静态混合器会取代混合釜吗？

4. 存储容器发生真空坍塌的可能性有多大？

5. 传热和搅拌槽怎么结合使用才能进一步优化？

6. 对罐(釜、槽、箱、缸)和容器的壁厚进行过检验吗？间隔时间是多久？

复习题(答案见附录)

1. 如果单一储罐出现危害因素是因为_____。
   A. 泄漏　　　　　　　　　　　B. 溢流和欠流
   C. 受到污染　　　　　　　　　D. 以上所有

2. 搅拌容器的关键设计特征(其 Z/T 比)是_____。
   A. 高径比　　　　　　　　　　B. 制造企业
   C. 设计工程师　　　　　　　　D. 何时投用

3. 为搅拌槽选择搅拌器时需要考虑的因素是_____。
   A. 液体和固体的密度　　　　　B. 液体黏度
   C. 气/液/固比　　　　　　　　D. 以上所有

4. 从上到下的搅拌方式受以下_____因素影响。
   A. 气体和液体密度及随时间发生变化
   B. 随着反应进行固体的形成
   C. 液/固/气混合的必要性
   D. 以上所有

5. 搅拌容器轴的功率大小受以下_____因素影响最大。
   A. 空气流量及出口气流的清理能力　　B. 混合搅拌物质的物理特性
   C. 粒径减小　　　　　　　　　　　　D. 以上所有

参考文献

Amrouche, Y.; DavÈ, C.; Gursahani, K.; Lee, R. and Montemayor, L. (2002)
　　"General Rules for Above Ground Storage Tank Design and Operation"
　　Chemical Engineering Progress, 12, pp. 54–58.

Benz, G. (2012) "Cut Agitator Power Costs" *Chemical Engineering Progress*, 11,
　　pp. 40–43.

Benz, G. (2012) "Determining Torque Split for Multiple Impellers in Slurry Mixing" *Chemical Engineering Progress*, 2, pp. 45–48.

Benz, G. (2014) "Designing Multistage Agitated Reactor" *Chemical Engineering Progress*, 1, pp. 30–36.

Dickey, D. (2015) "Tacking Difficult Mixing Problems" *Chemical Engineering Progress*, 8, pp. 35–42.

Garvin, J. (2005) "Evaluate Flow and Heat Transfer in Agitated Jackets" *Chemical Engineering Progress*, 8, pp. 39–41.

Machado, M. and Kresta, S. (2015) "When Mixing Matters: Choose Impellers Based on Process Requirements" *Chemical Engineering Progress*, 7, pp. 27–33.

Milne, D.; Glasser, D.; Hildebrandt, D. and Hausberger, B. (2006) "Reactor Selection: Plug Flow or Continuously Stirred Tank?" *Chemical Engineering Progress*, 4, pp. 34–37.

Myers, K.; Reeder, M. and Fasano, J. (2002) "Optimizing Mixing by Choosing the Proper Baffles" *Chemical Engineering Progress*, 2, pp. 42–47.

Post, T. (2010) "Understanding the Real World of Mixing" *Chemical Engineering Progress*, 3, pp. 25–32.http://en.wikipedia.org/wiki/Static_mixer (accessed August 26, 2016).

第 17 章　聚合物生产和加工过程中的化学工程

从化学工程角度看，聚合物具有很多独特性质。聚合物为长链分子，物理性质很独特，由于所生产的聚合物的特性、制造方法、使用方法导致这些物理性质会各有不同。不同聚合物可以混合到一起获得某种特性。此外，不同的单体(聚合物得以形成的基础结构)也可以采用多种方式结合起来以获得产品的不同性能。当使用助剂和颜料生产聚合物时，一般称为塑料，但也常用于描述初始聚合物质。

17.1　聚合物定义

聚合物一般是将作为初始分子的活性单体连接成长链所形成的产物。"连接"工艺可通过能量引发激活初始分子的双键，使得其他单体与其反应，形成单体长链。分子链的长度可控，有一定限度。一般称为聚合物的"分子量"(MW)。

举例来说，乙烯中的双键(CH_2＝CH_2)受热或催化剂激活后生成单体 CH_2—CH_2。这一激活使得乙烯与其他乙烯分子发生多次反应，生成"聚乙烯"，(CH_2—CH_2—CH_2—CH_2)$_x$，其中的"x"是连接到一起的乙烯单体数。我们一般将"x"作为聚合物的分子量。聚合物的分子量越高，其熔点及黏度就越高，其机械强度也会更高。可以参与聚合反应的单体有很多种，包括乙烯、苯乙烯、丁二烯、氯乙烯，都有可激活的双键。聚合物的分子链长度不一，存在一定的变化和分布。称为分子量分布(MWD)。分子量分布越均匀，则聚合物在加工和使用时的性质越统一。分子量分布的研究方法与固体处理一节中讨论的粒径分布研究方法相同，如图 17.1 所示。

聚合物生产时还具有一种特性即"结晶性"，指的是聚合物长链会部分凝结到一起，形成如图 17.2 中的整个聚合物结构中的结构化区域。

聚合物出现结晶时，聚合物在受热时会出现多个软化点，在不同区域达到软化点。

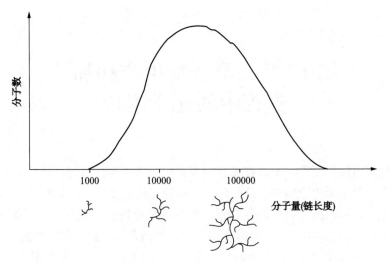

图 17.1　分子量分布

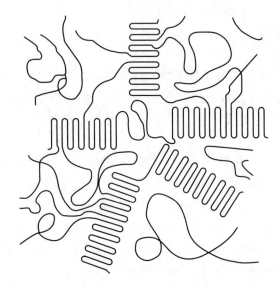

图 17.2　聚合物中的结晶区

　　聚合物的热稳定性比其单体的要高，具备一定的耐热、耐化学物质和腐蚀能力。其熔点取决于其单体以及分子量大小，而这两个变量也会影响聚合物的实用性。聚合物可用于制造塑料包装袋、输血管、汽车的耐油零件、烘焙器皿、厨房用具、管线。改进型聚合物还可用作发泡阻燃、地毯衬垫和房屋墙板。

17.2 聚合物的种类

除了基本的直链聚合物外，根据其组成和生产工艺不同，还有其他种类的聚合物。

①直链与支链聚合物。使用的聚合方法(主要是使用的催化剂)可控制单体是以直链或是支链的方式连接起来，如图 17.3 所示。

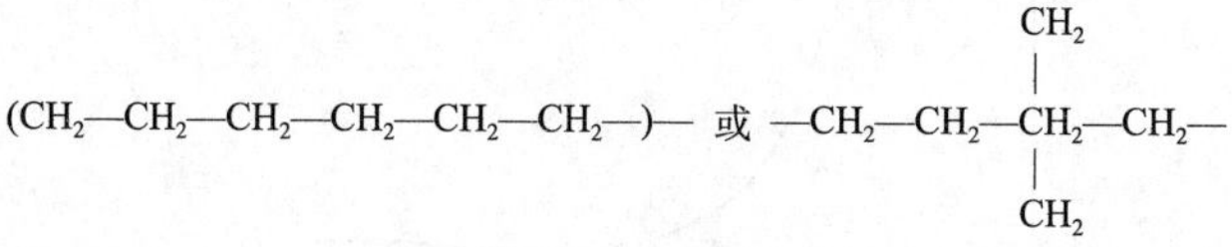

$$(CH_2—CH_2—CH_2—CH_2—CH_2—CH_2—)— \quad 或 \quad —CH_2—CH_2—\overset{\overset{\displaystyle CH_2}{|}}{\underset{\underset{\displaystyle CH_2}{|}}{C}}—CH_2—$$

图 17.3 直链和支链聚合物对比

即使分子量和直链结构的一样，但支链结构的聚合物在每单位体积的密度更低，强度更大。在聚乙烯生产领域中从直链到支链结构是一个重大突破，现在的聚乙烯垃圾袋与以前的同类产品相比用料减小，同时强度不变。

②共聚物。两种不同单体在都拥有活性键或分子之间的化学活性的情况下可以发生共聚。苯乙烯和丁二烯的共聚结构(多种合成橡胶材料的基础)如图 17.4 所示。

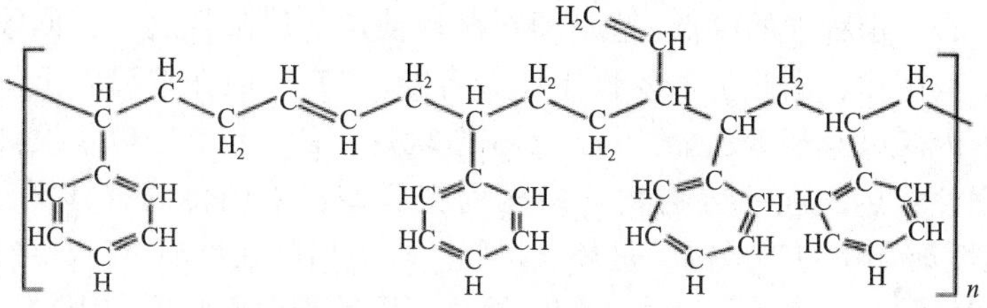

图 17.4 苯乙烯–丁二烯共聚物

除了改变两种单体的比例之外，还可以改变单体在分子链上的排列方式(图17.5)：

A+B+A+B+A+B(交替)

A+A+A+A+B+B+B+B(嵌段)

A+A+B+A+B+B+A+A(随机)

图 17.5 聚合物结构

17.3 聚合物的性质和特点

聚合物由于化学组成复杂，因此具有很多特殊物理性质和性能。其中最重要的一个特性是玻璃转化温度 T_g。聚合物的 T_g 与固体的熔点类似，但一般不是某一个特定温度。聚合物可在一定温度范围内发生软化，形成各种形状。其形状受包括分子量和分子量分布在内的多种因素影响。T_m是聚合物完全液化时的温度。使用实验设施将聚合物熔化，测量到的软化状况相应对应一个参照点。图 17.6 为聚合物发生软化时的曲线图。

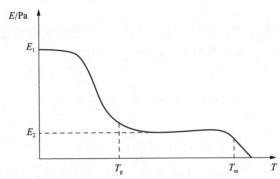

图 17.6　差示扫描量热（DSC）曲线图：能量与温度的关系

根据以上这些特性描述，总结不同聚合物所具备的统一特征如下：

①热塑性：指的是聚合物可以熔化变成液相物质然后冷却再次形成原来的固体聚合物。大多数的热塑过程可以重复发生。不过经过很长一段时间后，聚合物的分子量会有一定程度的降低（这是塑料循环使用的局限性之一，回收的聚合物性质限制了其用途，因此价值要低于原聚合物）。T_g一般在常温以上。常见的如聚乙烯、聚丙烯以及聚苯乙烯，可用于制造玩具、食品包装膜以及模具。

②热固性：热固性聚合物化学结构为交联型，采用传统方式无法将其"熔化"。热固性聚合物的典型例子是环氧树脂。环氧树脂在被加热时，会碳化燃烧。可用作硬塑料结构的水箱等。由于较难熔化，因此难以回收再利用。

③弹性：弹性体聚合物的T_g要低于常温，因此在常温条件下可以围绕模具进行拉伸或调整适应。常见的如橡胶带。由于弹性体材料在常温下的弹性特点，可用作垫圈或医用材料。

④乳化和胶化：聚合物借助表面张力与溶液发生相互作用，悬浮在水或有机液体中形成乳液和乳胶。常见的有家用乳胶漆。这种乳胶漆看起来像是一种聚合物的水溶液，但如果油漆罐用完后被盖起来，经过一段时间再次打开后，表面就会形成一层清洁水层。通过搅拌作用可使得乳胶聚合物再次分散到水溶液中。利用这一特性可采用特殊的聚合技术在聚合物小球表面覆盖上官能团，吸引水分子等极性分子。

⑤工程热塑性：拥有这一特性的主要是具有耐高温（即高T_g值）和/或强耐化学溶剂和强耐酸性的热塑材料。常见的有尼龙（常用在"汽车发动机盖下"，具有耐汽油性）、聚碳酸酯（耐高温、高抗冲性）、丙烯腈-丁二烯-苯乙烯三聚物（ABS）、氟化聚合物。

17.4 聚合工艺

单体聚合动力学在第 4 章已经讨论过。在单体聚合过程中会有几个不同反应同时发生：首先是聚合物分子链的增长速率，其次是分子链增长终止速率，以及聚合物分子链支化速率。

可采用如下几种工艺过程将单体结合到一起形成聚合物：

①热工艺：多种单体如乙烯或苯乙烯的双键，会被热能激活，然后通过简单的热反应过程发生聚合。一般无法控制所生成的聚合物的性质。在 20 世纪 40~50 年代发现催化方法之前，苯乙烯和甲基丙烯酸甲酯等聚合物主要采用这种合成方法。

②催化工艺：使用催化剂聚合单体已有几十年的实践，可以控制分子链长度（分子量）和支化度。这类工艺既可以是液相（加压条件下液态单体），也可以是蒸气相，生成特定产物。蒸气相和液相催化工艺可生成具有不同密度和物理性质的产物。过去这类工艺在催化剂失活后需要进行关停。最近开发出来的催化剂活性极高，因此用量很小，不需要进行回收，即使残留在聚合物产品中也不会影响其性能。这类工艺可在液相（由于单体的沸点大多较低，因此需要在加压条件下进行）或气相中进行。

③缩聚工艺：该类工艺将两种不同单体连接起来的同时还产生水或氯化氢等化学副产物。酰胺和胺官能团以不同比例聚合，可生成不同类型的尼龙，如图 17.7 所示。

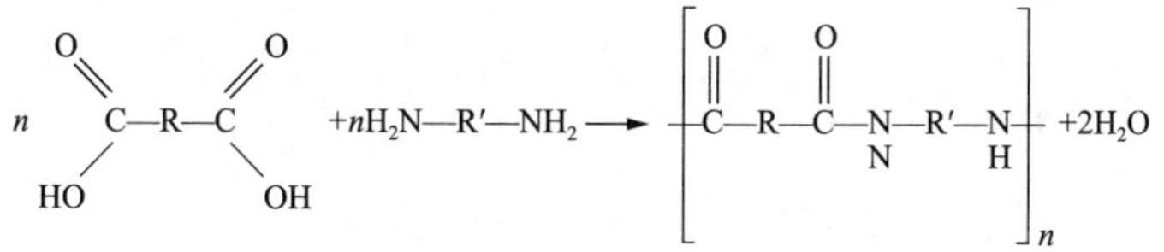

图 17.7 酰胺和羧酸反应生产尼龙

光气和双酚反应生产碳酸酯也是缩聚工艺的一种。

在缩聚工艺中，必须把偶联反应产生的副产物（H_2O 或 HCl）脱除出去，从化学工程的角度来看，是由于聚合物的黏度较高，工艺变得更为复杂。

④共聚工艺：如果希望将两种或两种以上不同单体共聚合，可以采用热反应和自由基反应生成聚合物 A 和 B（C、D 等）的组合体，如苯乙烯-丁二烯橡胶（SBR）和 ABS。这类反应还可将两种以上的不同单体结合起来，但与缩聚反应不同的是不会分裂出第三个分子。

悬浮聚合物如乳胶的生产一般为液相序批式工艺，聚合物一层层堆积起来，最后形成的一层包含"亲水"分子可吸水，使得聚合物能悬浮在水中。

⑤手性聚合和有规立构聚合：碳原子的独特性在于没有"直线型"的几何中心。碳原子有四个键，形成金字塔形，可以生成具有两种不同结构的同一种化合物（从化学组成上）。图17.8为氨基酸丙氨酸分子示意图。

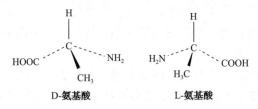

D-氨基酸　　　　　　　　L-氨基酸

图17.8　手性分子示意图

这两种结构不会互相重叠。如图17.8所示，一种是"左旋"结构，而另一种是"右旋"结构。如果单体与这样的手性中心和双键发生聚合反应，生成的聚合物会有完全不同的性质。

如果我们使用"R"代表官能团，可能会生成"R"位置随机分布的聚合物（间同立构聚合物）、"R"都在分子链一侧的聚合物（全同立构聚合物）、随机分布的聚合物（无规立构聚合物），如图17.9所示。

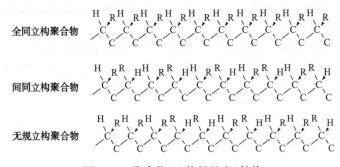

全同立构聚合物

间同立构聚合物

无规立构聚合物

图17.9　聚合物"立构规整度"结构

如果是这三种形式的聚丁二烯，那么它们的玻璃转化温度和物理性质会存在明显差异。其中一种的硬度足以做高尔夫球的外壳，而另一种由于玻璃转化温度较低不具备实用价值。图17.10显示了异戊二烯单体的聚合，由甲基间隔取代或完全无规立构。

古塔型聚异戊二烯硬度高、刚性强，而天然橡胶则柔软易拉伸。

图17.11为催化气相聚合反应系统。聚合反应本身是放热反应，发生在流化床中。热交换器用来回收放热反应产生的热量，其中的一部分热量还被用来预热入口的乙烷（乙烯）进料气。聚合产物从未反应乙烯/乙烷中分离出来然后回收，最终产物为粉料，送至储料仓。在该工艺中可以看到，有多种之前讨论过的单元操作，涉及反应工程和动力学、热动力学、传热、固体处理以及液–固分离。

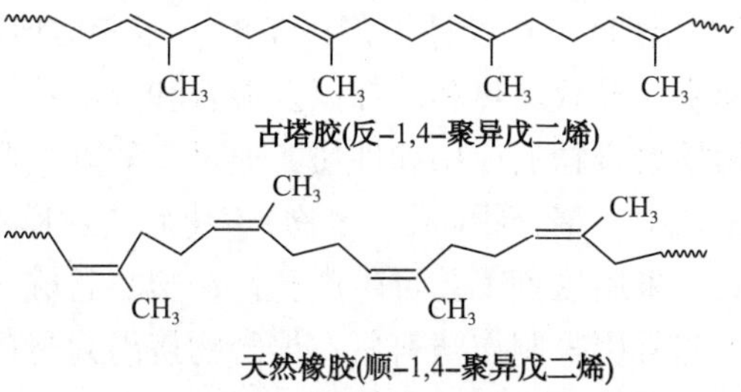

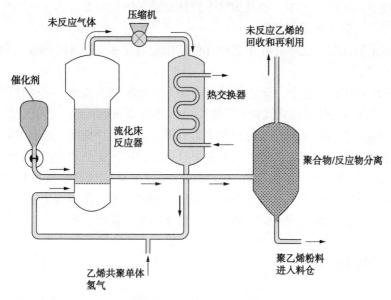

图 17.10　顺反异构体

图 17.11　气相聚乙烯工艺

17.5　聚合物助剂

聚合物很少刚生产出来就直接使用。以热塑材料为例，用于生产最终产品的一般为小塑料颗粒，是经过高温工艺过程或采用气相反应产生的细微颗粒成型生产出来的，然后以袋装、盒装、火车货运的方式交付用户。

在终端用户生产最终产品(如管线、管道、模压壳、墙板)时，着色剂、流动加工助剂、黏度调节剂等助剂被加入到熔化的聚合物中，然后加工成型生成成品。成品的性质必须要满足温度、耐溶剂性、着色、耐紫外线以及磨损方面的要求。

17.6　聚合物加工用于最终用途

选择用于生产最终产品的工艺取决于其最终用途，包括吹塑、挤出、注塑、纤维纺纱(生产尼龙和聚酯)。在设计工艺设备时，需考虑熔融聚合物的黏度高、会减缓传热和传质速率，导致加热和冷却以及混合和分散物料的时间增加。

聚合物可根据初始聚合物的应用和性质，通过多种方式形成最终产品。

①挤出：在该工艺中，聚合物(或共聚物)熔化后通过模具被推出("挤出")，形成需要的产品形式。采用这种工艺可生产塑件、塑料卷材、塑料玩具。

②吹塑：这种工艺可用来制作塑料瓶。聚合物挤出为塑条，插入模具中。然后向塑条中注入气流，塑条膨胀后填充模具，形成中空的模具形状。

③注塑：在该工艺中，模具的整个腔体充满了熔化的聚合物，冷却后模具被弃，取出产品后工艺重新开始。

在以上的几种工艺中，在工艺设计以及指定最优加工设备时热性质和流体性质都是关键。

④纺纱：在此工艺中，聚合物被挤出成为直径极细的塑条，这些"纤维"被纺到一起形成多股纺线缠绕到线轴上。纺线(一般是尼龙和聚酯等)最后用于织布。

与一般化学物质不同，聚合物和多组分聚合物有多种性能，通过几种不同聚合物体系混合就可以满足多种产品的要求。聚合物的性能必须要满足最终用途的要求，包括抗冲强度、拉伸强度、透明度、玻璃转化温度等。某些化学品如丙酮，还需要满足沸点、冰点、蒸汽压、黏度、密度、表面张力等要求，而这些特性与其生产工艺无关。因此聚合物加工本质上更加依靠经验。

17.7 塑料回收

塑料回收领域内的大部分研究在于减少塑料废弃物。实现塑料全部回收的目标所面临的挑战如下：

①聚合物降解：在熔化和再加工的过程中，聚合物的分子量和物理性质都会降低。采用回收塑料制造的商品上的会标有"采用10%、20%不等回收塑料制造"的文字。由于降解和塑料之间的污染，很少有材料再加工后可以恢复到最初状态，即使通过精密的工艺控制也不能达到需要的物理性质。

②助剂：在最初产品中添加的着色剂、物理性质调节剂不一定适合循环使用，因此回收产品仅适合用于生产质量较差的塑料垃圾袋等。分离聚合物与助剂的成本偏高，在没有补贴或税费减免的情况下没有商业价值。

③解聚或热解：塑料回收采用解聚或热解方法时，塑料在缺氧环境中进行"燃烧"。在该类工艺中，聚合物分解为初始单体(如乙烯、苯乙烯等)，然后采用传统的化学工程分离技术如蒸馏或吸收等进行分离。在回收单体时这类工艺的灵活度要高得多。

17.8　结语

有关聚合物生产、加工和最终用途的化学工程问题比传统化学加工更加复杂。聚合物性能与传统化学品相比有着数量级的差异，对流体流动、传热、反应工程造成影响。此外，产品最终用途的性能(在终端用户看来)可通过多种不同聚合物包括助剂的作用下实现。聚合物产品和工艺的相互关系要比传统化学品和化学工程之间的关系密切得多。使用催化剂生产不同形式和种类的聚合物也是一大挑战。

咖啡烹煮和聚合物
咖啡包装袋通常是金属箔衬里(防止氧气和水进入)的塑料包装袋，包装袋强度必须要足以承受住人们在零售商店、分销渠道、家中的常规操作。从一定高度掉落不会破裂。可通过实验测得这一数值。咖啡的包装材料，包括单人使用的新型"咖啡胶囊"，其玻璃转化温度必须要高于沸水的温度，才能不熔化在咖啡机或洗碗机中。 　如果你的咖啡杯是发泡聚苯乙烯材料制成的，你会循环使用它吗？

问题讨论

1. 你的厂区内有多少种聚合工艺正在运行？为什么要采用某种工艺生产某种产品？

2. 对于正在运行着的聚合工艺，存在分子量、分子量分布、拉伸强度等方面的限制吗？

3. 聚合物是怎样生产出来的？采用了什么设备？设备的选择依据是什么？能够应对客户需求的变化吗？

4. 目前的设备还可以生产出什么新产品吗？

5. 对聚合物介质的传热方式了解程度如何？有哪些改进可能？

6. 对产品所有可能的结晶类型和密度类型了解吗？怎样改变产品的形式？

复习题(答案见附录)

1. 聚合物是以下_____物质的长链。

A. 聚合物　　　　　　　　　　B. 聚合物的不同混合物

C. 单体

2. 乳胶聚合物的独特之处在于_____。

A. 制造网球鞋　　　　　　　　B. 可拉伸

C. 在溶液中为悬浮聚合物　　　D. 是热塑和热固聚合物的组合

3. 弹性体的独特之处在于其_____。

A. 玻璃转化温度低于室温   B. 玻璃转化温度等于室温

C. 玻璃转化温度高于室温   D. 玻璃转化温度可控

4. 顺反异构体的不同之处在于_____。

A. 官能团在单体支架上的位置   B. 成为顺或反结构的倾向

C. 改变位置的能力   D. 成本

5. "凝缩"聚合的独特之处在于其_____。

A. 生成的聚合物遇冷凝结   B. 在聚合过程中断裂分子

C. 防止其他单体进入工艺过程   D. 建立屏障防止其他聚合工艺发生

6. 聚合物助剂可用于影响或改变_____。

A. 颜色   B. 流动性

C. 发泡能力   D. 以上所有

7. 差示扫描量热法(DSC)可以告诉我们_____。

A. 聚合物的软化温度范围   B. 聚合物内的软化温度范围

C. 聚合物内的结晶程度   D. 以上所有

8. 加工聚合物所面临的化学工程挑战不包括_____。

A. 黏度高   B. 传热速度慢

C. 正在处理的聚合物的有关知识   D. 混合的难度

9. 塑料和聚合物回收面临的技术挑战不受以下_____因素影响。

A. 塑料的纯度以及分离成不同种类塑料的能力

B. 塑料的能量值

C. 立法

D. 可用土地

参考文献

Sharpe, P. (2015) "Making Plastics: From Monomer to Polymer" *Chemical Engineering Progress*, 9, pp. 24–29.

Stein, H. (2014) "Understanding Polymer Weld Morphologies" *Chemical Engineering Progress*, 7, p. 20.

Villa, C.; Dhodapkar, S.; and Jain, P. (2016) "Designing Polymerization Reaction Systems" *Chemical Engineering Progress*, 2, pp. 44–54.

https://www.usm.edu/polymer.

第 18 章　过程控制

毋庸置疑，化学工艺过程需要进行控制，但为什么需要控制？在确定采用怎样的过程控制方式前这是一个需要回答的重要问题。其中部分原因如下：

①内部过程的干扰和变化。内部过程的干扰和变化有很多种，包括进料速度、温度、压力、组成等都会发生变化。具体的如冷却水温度和压力、蒸汽温度和压力、气压变化以及控制过程设备的电压变化。

②外部条件。包括天气（主要是外部温度和天气条件如风、雨、湿度等）以及第①条里提到的因素在超出工艺操作控制范围时所发生的变化。如果使用的原料来自企业直接控制的范围以外（原料采用罐车、货运火车、管线运输），整个过程必须要控制到位才能确保原料的组成和质量达标。

③安全环保压力和法规。许多工艺过程如果不加以控制的话，可能会排放出有害物质，对装置内或周边社区的人员造成伤害。大多数化学工艺操作在由当地州或联邦相关机构颁布的许可下进行操作。这些许可限制了对空气和水的排放。过程控制策略必须遵守这些法律法规。从安全角度来说，过程控制采用的方法必须要确保操作人员在操作区域时生命安全不会受到威胁。之前讨论过的反应性化学品区域即属于这样的区域。

④预知变化。在许多化工操作中，"正常"的工艺操作可能会根据客户需求、法规规定或外部条件进行更改。举例来说，随着季节变化，尤其是在冬夏季节分明的地区，对汽油挥发度要求不同，因此改变汽油的组成还有专用化学品的操作会反映出产品组成的变化或在半连续操作中比例或温度的变化。

我们想要记录和控制化学操作还因为如下原因：

①法规和过程文件。比如一家药品企业在美国食品药品管理局（FDA）注册时，向 FDA 递交注册许可时，不仅要提交最终产品的组成，还要提交记录产品生产的工艺变量和条件的文件。

②产品质量问题。许多使用化工产品的用户对产品都有一定指标要求；但在某些情况下产品在实际应用中的性能没有可测量的标准。在这种情况下，工艺操作条件可为某个用户更好控制某个工艺过程提供有效信息，部分替代最终产品的分析数据。

③工艺学习。现在还没人能够完全了解一种化学工艺操作中的所有变量在任何工艺条件发生变化后的响应情况。因此，一个新建装置需要安装仪表、分析设备、腐蚀挂片等进行数据收集，以便更加充分地了解工艺过程，以及加强对以后工艺的监测和控制。这些数据信息一般用于线下分析，并不会用于目前的装置操作。

18.1 过程控制系统的组成

首先进行测量的变量有一个指标要求，可能是温度、液位、质量重量、流速、组成或压力。指标要求一般根据以往经验、工艺知识或用户需要来定(用户在这里可以是同一企业运行的一个大的工艺流程中的下一个工艺单元)。举一个简单的例子，我们一般认为人体温度是 37℃。

其次，过程控制系统包括测量仪器。包括测量温度的热电偶或 RTD 电阻式温度检测器、测量液位的差速起泡装置、测量流速的孔板流量计、测量组成的在线(或离线)分析仪或测量压力的膜片设备等。在日常生活中，我们把温度计夹到舌头下面一段时间直到读数不变后，就可以测量体温是否在"指标值"。

最后，是将测量要求和测量仪器结合起来的方法。换句话说，如果测量方法不是需要的那种我们该怎么做？我们需要将这两种测量方法整合到一起。这一活动过程被称为控制活动。可以是调整加热或冷却方法控制温度、增加或降低流速或泵速控制流速或液位、调整相对进料速度以改变进料组成。另外一个不太重要的问题是如果某个变量不是预想的数值的时候会出现什么后果？严重程度如何？影响时间多久？后两个问题的答案对问题响应(称为控制活动)有很大影响。举例来说，控制人体温度的方法可以是吃一片阿司匹林、喝冰水或者去看医生(或者这三种行为一起做)。在化工工艺过程中，这一行为可能是人工或者自动操作，这取决于变量偏差的严重程度和需要的响应速度。

以人体的体温为例，如果体温与正常体温有一点差异，就可能需要吃两片阿司匹林，还要多休息、多喝水。而如果体温升到了 39.4℃，就需要考虑是不是得了流感或肺炎，需要采取更为严肃的行为，比如去看医生或进急诊室。我们做出的响应与偏差值成正比。

①测量。首先需要可测量液位、压力、组成等的测量方法。测量方法的精确程度与需要的精度和测量系统的响应时间(测量仪器检测出数据变化然后传送到仪器的分析和解释单元的时间)有关系。测量压力一般会使用差压仪。如果不能直接接触流体，可以使用各种电子或超声仪器。根据流体的性质，可利用磁力差异从储罐外测量液位，从而避免了直接接触。在采用差压测量方法时，要考虑到

流体内由于组成或温度发生变化造成的密度变化。发泡仪对一定高度的液体所产生的压力会产生响应，如果流体的密度增加，液位也会随之变化。还有很重要的一点是如果引入气体来测量液位，那么气体必须能安全地从工艺过程排出，不会引发燃烧或环境问题。

温度的测量一般采用热电偶或 RTD 电阻式温度检测器，其工作原理是利用两种金属的导电率或电阻随温度变化的差异来测量温度。

流量测量一般采用的方法是使流体流经小于管线直径的孔板来测量流量。具体可参见第 5 章。

②比较和评估。测量完成后，需要确定接下来该做什么。观察到的数据和需要的数据之间的差异有多大？需要多长时间可以完成修正？如果不进行修正的话有什么后果？出现问题时响应速度需要多快？需要在怎样的情况下进行响应？可以用 $E($误差$) = MV($测量值$) - SP($设定值$)$ 来表示。

③响应。在测量或观察比较完我们看到或测量到的数据与需要的数据后，我们需要确定如何解决这一差异问题。根据我们看到的差异（偏差）的特点、响应速度以及响应方法的特点，可以采取很多方法。最常见的方法就是采用控制阀调节流量、控制加热或冷却、调节压力或组成。这些控制阀设计和安装有很多方式，在以后的章节会进一步讨论。这一测量、比较/评估和响应的循环就称为控制回路。

18.2 控制回路

测量、评估、采取行动（响应）的循环称为控制回路。这一循环会持续进行。完成一次循环的速度可以从每秒很多次到每小时几次，取决于操作控制的变化速度、维持准确控制的重要程度、失控可能导致的安全环保问题。除了之前讨论过的体温计之外，怎样准备感恩节火鸡可以作为另一个类似情况来讨论。参照烹饪书上说的，给火鸡称重，塞好填充料，用几个小时在指定温度范围内进行烘烤。最开始几个小时我们不用太关注，在整个制造过程快要结束时，开始检查火鸡的外皮，在火鸡皮上戳孔来"微调"最后的烹调温度。控制回路速度在开始的时候很慢，最后再加速。类似的，在化学反应器中，反应缓慢生成中间体，中间体与新加入的物质快速反应生成最终产物。

控制回路有很多种设计和使用，而且随着先进测量技术、计算方法、计算机容量的发展，还可以设计出无数种控制回路和系统。本节只讨论最基本的概念。

18.2.1 开-关控制

这种控制方法类似家用加热系统的控制系统。首先设定一个温度，如果实际温度与设定温度不一样，可打开风扇和加热/冷却系统，直到温度达到设定温度为止，然后关闭相应系统。在工业上类似的例子有采用加热或冷却线圈来维持储罐内的温度，还有根据液位的测量值来控制储罐内的液位和泵的开停。这类控制方法由于存在系统体积、延时等造成的超调或负调，可能会导致无法达到需要的温度。如果可采用补偿且系统要求不太高的话，这是可以接受的一种控制方法。图 18.1 为储罐注入抽出的液位开-关系统的控制室图。

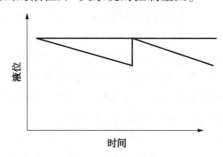

图 18.1　储罐液位开-关控制

　　这种控制系统与家用加热系统类似。恒温器制造商预设（家庭用户可以进行调节）一定的偏差值，在此温度下气体火焰被点燃，风机启动。住宅内的实际温度差异可能小于 0.5℃，人们难以察觉。由于温度偏差时高时低，因此平均偏差是可以接受的。同样的逻辑还可以应用到空调或住宅地基的排水泵的启动上。开-关控制都存在一定程度的偏差，而由于无法将一定时间内的所有偏差整合，因此无法自动补偿。对于储罐液位或住宅温度随时间发生的平均微小变化，从实用角度看并不显著。由于开-关控制会导致最终控制设备（泵、加热器、压缩机等）不规律地启动或停止，过程设备的受力会发生异常。

18.2.2　比例控制

　　比例控制指的是做出的响应与偏差量成比例关系。举例来说，在温度远高于或低于正常温度时，家用加热系统的风扇速度会加快（需要安装变速电机）。在储罐系统中泵（处于运行状态，安装了控制阀控制其输出量）会根据偏差量进行响应改变输出量。这种控制方式的数学表达式如下：

$$CE = K_c e + m$$

　　式中：CE 是控制元件的位置，与偏差量加复位值成正比；K_c 是控制器增益（控制器的敏感度或对偏差的反应速度和程度）；m 是复位值，是工艺过程位于设定点时控制元件的位置。我们需要充分了解"m"值。在时间轴上的任意一点，控制阀的位置就是"m"。在需要进行调整时，控制阀的位置根据上面的公式进行移动，与偏差量及响应速度（K_c）成正比，但阀的初始设定"m"没有变化，无需改变"m"值，阀位和预想阀位之间有一个永久补偿值。这种响应控制如图 18.2 所示。

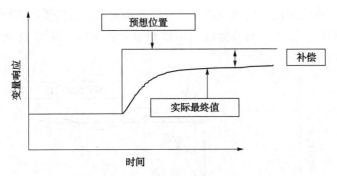

图 18.2　比例控制的响应：补偿

尽管家用加热或冷却系统一般不会是比例控制系统，但其响应方式类似比例控制，我们没有注意到的原因是当温度偏高或偏低(取决于系统开始运行的位置)时，与室内平均温度的微小差异让我们不会有什么不适。在化工工艺中控制回路是否需要补偿值完全是另外一回事。需要认真考虑变量不在应在位置时的时间和后果。

18.2.3　比例-积分控制

在比例-积分控制中，对设定值的偏差进行持续评估，通过改变阀位使控制值达到预想目标。持续调节"m"直到设定值目标达成。比例积分控制图如图 18.3 所示。

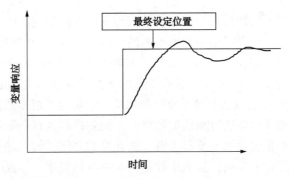

图 18.3　积分控制的控制响应

系统在整合偏差时会同时进行"超调"和"负调"直到所需的最终控制点。微积分控制回路的主要优势是最后可以达到想要的设定点。不过必须提前考虑到进入最后稳定状况前需要进行"超调"和"负调"。控制系统存在两个参数选择：一个是增益(Kc)，和简单微分控制的内容一样（在偏差量给定的情况下会发生多少反应）；另一个设计参数是复位时间。也就是说，控制系统多久进行一次测量核查是否达到最终设定点，以及是否超过或低于设定点？根据受控系统的特点和对变化的响应程度，复位时间可能从几微秒到数分钟不等。从图 18.4 中我们可以看到设定的两种极端情况。

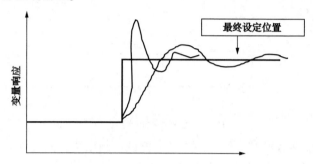

图 18.4　选择不同积分复位时间的影响

　　线"A"表示 K_c 值高和复位时间短，而线"B"则表示低 K 值和较长的复位时间（原著图中即无 A、B 标示）。选择这种设定取决于负调的影响程度、未到达最终设定点前的时长、可控变量对下游操作的影响、可控变量的特征及其影响因素。在装置启动过程中，根据工艺特点对增益和复位时间进行预测，编入计算机过程控制程序或手动输入到控制器中。在装置启动过程中，可以根据工艺情况和响应调整这些设定值。

18.2.4　偏差控制

　　通过偏差控制可增加微积分控制的精密程度。在偏差控制中，假设我们对工艺特点有足够认识，可以提前预测出工艺过程对某一变化的响应。举例来说，如果在某反应中已知反应物 A 和 B 的比例，在提高 B 的比例时，我们知道如果将 B增加 50%，则 A 也会增加 50%，不需要进行下游数据分析来得出 A 的用量要增加 50%。更复杂的方法是基于对反应热和物质热容等的了解，通过改变进料速度或进料温度来改变反应器的冷却或加热情况。偏差控制具有一定不确定性，这是因为在这种控制中是假设了解所有上游工艺变量的变化影响，并将其编入过程控制方案。这种情况并不多见，但到达设定点这一点很关键，导致绝大多数过程控制回路都是基于比例积分(PI)方案。

　　图 18.5 总结了各种控制方法。

　　比例积分和比例积分微分控制系统最终都会达到所需设定点，两种系统都在某种程度上超过所需设定点。在装置启动时控制回路设定需要进行微调，以减低发生超调的程度。

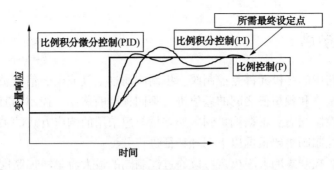

图 18.5   不同类型控制系统的响应

在设计控制回路时还需要考虑的因素包括"死亡时间"，指的是从变量测量时间对测量响应的时间之间的时间差。如果时间差较大，控制系统对变化或偏差的响应可能落后于工艺过程。如果实际测量时间比工艺对变化的响应时间要慢得多，也会发生类似情况。

有多种精密数学模型技术可以用来确定各种控制方案常数，如 Ziegler - Nichols 常数，在经验过程信息的基础上调节控制回路。

其他过程控制结构性设计包括：

①比率控制。如果知道一种进料的进料速度发生变化会相应伴随另一种变量的变化，就可以同时改变另一变量。我们需要充分了解进料发生变化后所带来的所有影响，包括放热反应的散热情况或反应中的产气量。

②串级控制。可以把串级控制看成"嵌入式"控制。举例来说，如果向一个快速反应系统提供原料的化学反应系统速度极慢，那么两个系统的控制回路就会截然不同，虽然由一个向另一个提供原料，但两者的反应速度差异很大。

18.3   测量系统

为了保证变量可控，必须要对变量进行测量，测量信息必须用于控制回路设计。

①流量测量：已在流体和泵相关章节讨论过相关内容。

②压力测量：常采用某种机械设备通过感知与参照点的差压来完成相关测量。可采用隔膜设备输出电子信号。

③温度测量：采用热电偶或 RTD 电阻式温度检测器，其工作原理是两种不同金属之间的电阻变化产生电子信号。

④液位测量：通过差压、磁共振、超声进行测量。

18.4 控制阀

控制回路中的终极元件是控制阀。控制阀通过空气或电子信号被激发，然后根据实际测量值和预想值之间的差值进行不同程度的移动。控制阀有很多种，具体选择哪种控制阀需要根据测量到的偏差量与想采用的响应方式的关系以及响应时间有关。控制阀主要根据以下两种特征进行分类：

①尺寸。控制阀的大小决定可以通过控制阀的最大流量。控制阀的尺寸随控制阀的压降和流体性质的变化而变化。

②流量及阀开度的响应。可参考最大流量的百分比（随流体性质变化而变化）与阀开度（百分比）的关系曲线图。控制阀内部的几何设计也会极大地影响这一关系，因此关系曲线不一定是直线。在选择控制阀时，这些因素都是需要重点考虑的。

控制阀的内部几何设计有很多种，我们可以将控制阀分为线型、快开型、等百分比型，如图18.6所示。

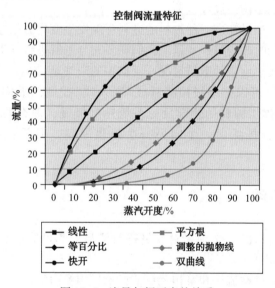

图18.6 流量与阀开度的关系

根据需要还可以设计具有更为复杂的响应曲线的控制阀。图18.7所示为球阀。

只要对阀杆进行微调就可以大大增加流量，这种控制阀就是快开阀。"截止"是用来形容对阀开的流量响应程度。这种截止阀的结构设计的响应如图18.6所示。

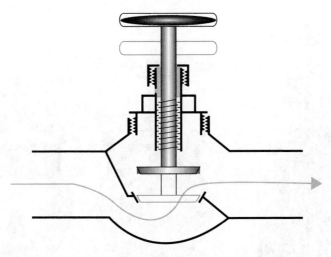

图 18.7　球阀构成

等百分比阀的内部设计使得流量与其物理开度的关系如图 18.6 所示。这些控制阀在各种各样的条件下都可以开关自如。球阀如图 18.8 所示。

图 18.8　球阀

阀门转动四分之一，流量就从零增加到 100%。这种阀的响应曲线为直线。

闸阀中安装了一个垂直于流量方向的闸板，根据需要闸阀向上或向下移动，如图 18.9 所示。闸阀的响应曲线一般为直线。

蝶阀如图 18.10 所示。由于蝶阀内表面密封性问题，因此很难做到 100% 关闭。

其他类型的"开-关"阀包括止回阀，可以防止内部介质流向一个方向从而出现安全和质量问题。止回阀设计中有一个单向全开的阀瓣，可防止介质流向另一个方向，如图 18.11 所示。

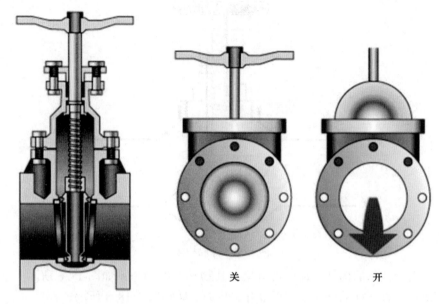

关　　　　　　　　开

图 18.9　闸阀

图 18.10　蝶阀

图 18.11　标有方向指示的止回阀

安装止回阀时，必须要确保指示箭头（指示介质的流动方向）的方向正确。如果止回阀装反了的话，介质流往相反的方向，可能会导致严重的安全或环境事故。

18.5　阀容量

阀的容量一般根据其在温度 15.6℃、压降 1psi 条件下的水流容量（C_v）来确定。阀的 C_v 值越高，其容量越大。可以根据阀容量对在相同工作状况下的不同阀门进行比较，在选择阀门的主要因素是压降的情况下，也可以参考阀容量进行选择。举例来说，如果一个阀门的 C_v 是 12，另一个是 4，那么在流经阀门的流体和压降相同的情况下，前者的流量是后者的 3 倍。切记在进行计算和比较时，必须要保持单位一致。表 18.1 给出了不同尺寸的阀门的相对容量。

表 18.1　阀门的相对阀容量（C_v）

阀的类型	阀的尺寸/in						
	0.75	1.5	2	4	6	8	10
单座球阀	6	26	46	184	414	736	1150
双座球阀	7	27	48	192	432	768	1200
滑阀	5	20	36	144	324	576	900
单座 Y 阀	11	43	76	304	684	1216	1900
截止球阀	14	56	100	400	900	1600	2500
单座角阀	15	59	104	416	936	1664	2600
90%开度蝶阀	18	72	128	512	1152	2048	3200

18.6　公用工程故障

由于控制阀一般是由电能或机械能驱动，在安装和启动前，必须要确定提供驱动的公用工程出现故障时阀门如何响应。

阀门应该在什么时候失效然后处于"开"的状态？答案是由于公用工程的故障，放热反应无法停止时，这时用来控制冷却水或其他用来降低放热化学反应速率的公用工程的阀门应该采用该操作。类似的情况有在反应器容器中丧失驱动导致搅拌中止，这将会提高发生事故的风险。因此还必须准备备用电源来保持过程受控。

阀门应该在什么时候失效然后处于"关"的状态？答案是进行放热反应，需要停止反应器全部进料，再加上无法打开冷却水时，需要采用该操作。

阀门应该在什么时候失效然后一直处于"最终位置"？答案是熔化热敏材料时，需要采用该操作，否则材料会冻结或遇到更高温度时分解。

在设计阀门和公用工程时可采用这些选项。在设计和安装控制阀前需要考虑到公用工程发生故障的问题。

18.7 过程控制作为缓冲

过程控制不仅用来控制某个过程变量，还起到某个工艺或装置中的各个单元操作之间的缓冲作用。具体应用如下：

①库存管理。反应系统等操作单元可为分离单元提供原料。考虑到另外一个操作单元的运行速度或停机时间，需要减缓另一个操作单元的运行速度。原料的限制或产品存储也存在类似情况。

②公用工程限制。不论在工区内外的公用工程发生故障，都需要降低单元操作速度或调整运行条件。

③紧急情况。必须考虑发生公用工程损耗的可能性。过程控制系统的设计中必须有针对这种情况的安全应对方式。在许多大型装置中，设计有备用发电系统，可在紧急情况下启动，确保在一定时间内过程关键单元和控制系统得以运行。

18.8 "撒谎"的仪表

在很多情况下，仪表的输出值是建立在物理性质稳定这一假设的基础上计算出来的，不过这一假设并不一定成立。举例来说，没有经过流体密度校准的液位计在实际液位上升的时候可能显示为下降。这会促使控制系统做出错误响应，反而增加液体量。这也是造成 2005 年得克萨斯州城市火灾爆炸事故的主要原因（见图 18.12）。

在过程控制设计和仪表选择中需要考虑到所有可能会影响测量的变量，这些变量包括：

①温度。测量液位和密度、尤其是测量气体密度时的温度变化会对读数造成什么影响？

Process Safety
Beacon

Messages for Manufacturing Personnel
http://www.aiche.org/CCPS/Publications/Beacon/index.aspx

CCPS 20
CENTER FOR
CHEMICAL PROCESS SAFETY

An AIChE Industry
Technology Alliance

Instrumentation — Can you be fooled by it?

March 2007

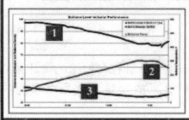

What happened?

A column was overfilled. However, before the incident, as shown in this instrument chart, the level *indication* in the bottom of the column (the dark blue line - 1) slowly decreased!

YES you can!

The level was measured with a displacement level indicator. Normally, when the displacer (green) is partially covered with liquid, it properly indicates level based on the changing force on the displacer as the liquid level changes (first and second drawings). But, on the day of the incident, the column was overfilled with cold liquid, completely submerging the displacer in cold liquid (third drawing). The level was above 100%, and the level indicator showed a high level alarm condition continuously. A high level alarm indicates an abnormal condition, and this should be an alert that something is not normal. In this incident, there was no response to the alarm condition.

With the liquid completely covering the displacer, the instrument did not indicate liquid level. Instead, the force on the displacer gave a measure of the relative density of the displacer and the liquid in which it was submerged. In other words, the instrument was not designed to function properly if the level was high enough to completely submerge the displacer. The column was heated during the startup. As the temperature of the liquid increased (the green line in the graph above - line 2), the density of the liquid decreased (the purple line - 3). The change in density of the liquid changed the force on the displacer, resulting in a decrease in the "level" indication (fourth drawing, with hot liquid), even though the column level was actually increasing. The column overflowed, flammable material was released, and there was a major explosion and fire.

What you can do

Know what can fool you. Review examples of incidents where the instrumentation provided information that did not represent the data that was wanted (for example, density of the liquid, not level). This is not always an easy concept to grasp, so consult with the engineers and technicians who know the system best.

Understand how instrumentation works, and how it will respond to conditions outside the normal operating range, including, for example, control loops, venturis, orifice plates and impulse lines, differential pressure cells, level floats. Know whether instrumentation is normally energized, and the failure mode for valves, instruments and control loops following loss of pneumatic or electrical energy.

Know what you should be observing as part of normal operations, for example, balancing transfers into and out of equipment, changes in level. And, *NEVER* ignore alarms — find out what caused the alarm!

Understand whether components can be tested on line or whether an "out of service" test is required to confirm that an instrument is working.

PSID members use Free Search for "Instrumentation" or "Level Control."

Understand how your equipment works — and how it can fool you!

CEP March 2007 www.aiche.org/cep **25**

图 18.12　了解所有影响仪表响应的变量

②压力。在一组压力条件下进行校准过的仪器对气体的测量结果如果没有进行补偿修正的话，可能会输出错误数据。

③组成。现在有一个趋势是利用组分测量来给出输出值。准确的组分输出数据与浓度的关系需要进行测量。

④密度。组分发生变化时是怎样影响测量结果的？

⑤黏度。温度以及组成会严重影响测量结果，考虑到这些测量差异了吗？

18.9　结语

在化工工艺中过程控制是关键一环。对控制逻辑和控制回路的设计必须要全面考虑，还必须考虑到所有可能影响到测量结果的变量以及控制系统的响应方式。

对咖啡烹煮的控制

现在的咖啡机上面都有"控制面板"。用户对咖啡品种的选择、咖啡杯的大小以及水温都可以进行设定。咖啡放置在加热托盘或是真空袋中的时间也可以设定。咖啡伴侣的添加比例以及水的类型都有控制选项。最后与奶油、糖或甜味剂混合的咖啡量也有控制选项。大多数咖啡机都放置在厨房里，出于安全需要和建筑规范的规定，需要使用接地故障断路器（GFI）回路，在液体流出与电路接触时可以自动断电。

问题讨论

1. 你的工艺中各个部分是如何控制的？控制方法是怎样确定的？原料和产品发生变化时可以进行重新审视吗？

2. 你了解选择何种阀门的原因吗？阀门有响应曲线吗？如果没有响应曲线的原因是什么？最近一次对阀门进行审验的时间？

3. 你所采用的控制系统和硬件适用于目前安全和活性化学品领域的问题列表吗？

4. 你了解辅助变量对关键过程控制回路的影响吗？

5. 你了解过程化学的变化对过程控制的影响方式吗？

复习题（答案见附录）

1. 采用正确的过程控制很有必要，这是因为_____。

A. 生产的产品必须满足指标要求

B. 环境排放必须达标

C. 必须要控制安全和活性化学品问题

D. 以上所有

2. 以下_____不属于过程控制回路的一部分。

A. 测量方法　　　　　　　　　　B. 管理者许可

C. 对测量结果的评估方法及预期测量结果

D. 校正

3. 影响工艺控制的工艺特点不包括以下_____。

A. 用户质量要求　　　　　　　　B. 测量的响应时间

C. 设定值所允许的偏差　　　　　D. 当班工艺操作人员的情绪

4. 精密程度最低的过程控制策略是_____。

A. 开-关　　　　　　　　　　　　B. 关-开

C. 有时关，其他时候开　　　　　D. 开-开，关-关

5. 积分控制的一个主要优势在于_____。

A. 整合能力

B. 可保证工艺最终到达设定点

C. 围绕设定点波动

D. 围绕设定点采用可控方式波动

6. 采用偏差控制可使得控制系统_____。

A. 基于输入变化对过程变化进行预测

B. 提前对间歇操作进行计划

C. 为工艺操作人员提供更为统一的结构

D. 后续工艺变化的反应更快

7. 如果在一个工艺中由一个慢反应速率过程提供快速最终反应过程的原料，可能采用的过程控制方法是_____。

A. 比例　　　　　　　　　　　　B. 跟随前导

C. 等待通知　　　　　　　　　　D. 串联

8. 控制阀不能根据以下_____过程响应类别进行分类。

A. 容量　　　　　　　　　　　　B. 响应速度

C. 响应类型　　　　　　　　　　D. 建筑材料

9. 控制阀曲线绘制了_____。

A. 阀开度百分比与阀关闭百分比

B. 阀关闭百分比与流速

C. 流量百分比与开度百分比

D. 流速与供气压力

10. 在以下_____情况下公用工程损失时水冷控制阀会失效无法打开。

A. 正在进行吸热反应

B. 正在进行放热反应

C. 公用工程的水速暂时下降

D. 没有可以关闭阀门的机械

11. 公用工程损失时控制阀在以下_____情况下会失效无法关闭。

A. 正在进行吸热反应　　　　　　B. 放热反应的进料受控

C. 无人能关闭　　　　　　　　　D. 没有其他选择

12. 在以下_____情况下控制室变量不能显示实际工艺条件。

A. 传感器故障或未连接　　　　　B. 未考虑物理性质的影响

C. 操作人员看错屏幕　　　　　　D. 以上所有

参考文献

Bishop, T.; Chapeaux, M.; Liyakat, J.; Nair, K. and Patel, S. (2002) "Ease Control Valve Selection" *Chemical Engineering Progress*, **11**, pp. 52–56.

Gordon, B. (2009) "Valves 101: Types, Materials, Selection" *Chemical Engineering Progress*, **3**, pp. 42–45.

Joshi, R.; Tsakalis, K.; McArthur, J. W. and Dash, S. (2014) "Account for Uncertainty with Robust Control Design (I)" *Chemical Engineering Progress*, **11**, pp. 31–38.

Smith, C. (2016) "PID Explained for Process Engineers: Part I: The Basic Control Equation" *Chemical Engineering Progress*, **1**, pp. 37–44.

Smith, C. (2016) "PID Explained for Process Engineers: Part II: Tuning Coefficients" *Chemical Engineering Progress*, **2**, pp. 27–33.

Smith, C. (2016) "PID Explained for Process Engineers: Part III: Features and Options" *Chemical Engineering Progress*, **3**, pp. 51–58.

https://cse.google.com/cse?cx=partner-pub-3176996020956223:6582549258&ie=UTF-8&q=valves&sa=Search& ref=&gfe_rd=ssl&ei=vEA7V4z5Ltek-wXQqYKQBQ#gsc.tab=0& gsc.q=valves&gsc.page=1 (accessed August 29, 2016).

第19章 啤酒酿造工艺回顾

前文已经对化学工程中的大部分基本课题进行了探讨，现在我们来重新回顾一下之前讨论过的啤酒流程图（见图19.1）。

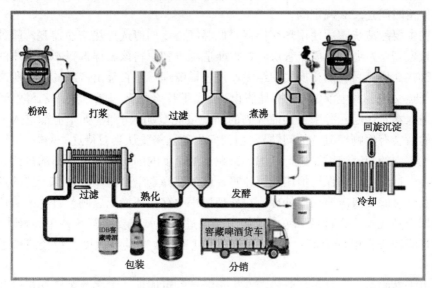

图 19.1　啤酒酿造工艺

首先，该工艺中的原料有很多种，绝大多数原料的独特之处在于其"天然性"。这意味着其组成会随时间、天气、生长和收割方式发生变化。但工艺要求啤酒的产量稳定不发生变化，口感和质量都要符合饮用者的期望，这意味着在每一个工艺单元操作中嵌入的过程控制必须能对持续变化的原料输入做出响应。这是一个很大的挑战！

从化工工程角度来看，完成这一挑战任务需要做什么呢？由于原料会持续变化，需要测量原料组成的方法，并调整下游单元操作，以确保啤酒口味不变。哪些数据需要测量呢？首先要尽可能测量原料的组分；粒径和粒径分布也很重要；堆积密度和真实密度会影响配方和每批量的数量以及不同釜式"反应器"的使用体积。由于受进料和初始研磨以及其他加工方式的影响，原料的粒径分布会影响到反应速度，因此酿造师需要做出必要的调节。酿造师可能不了解反应动力学原理，但基于实际酿造过程中各种变化对配方的影响，会对过程控制系统相应进行调节。

需要进行哪些调节？哪些工艺变量和分析能够将整个工艺过程中啤酒的组成变化与最终的口味/组成连接起来？所有中间步骤也需要进行调试。反应容器内哪处的温度、压力以及反应时间和组成需要进行调节？中间产物组分的变化会改变黏度和密度吗？如果会改变的话，这些变化是如何影响热交换器和搅拌器的性能的？

发酵是一个化学反应，生成乙醇（C_2H_5OH）。反应速度与原料的粒径及组成是只有酿造师才知道吗？反应速度与温度的关系呢？活化能呢？在各种下游容器中的停留时间是怎么确定的？

在主要酿造步骤后使用热交换器降低温度，该如何选择热交换器呢？哪种介质应该走壳层？哪种介质走管层？根据酿造配方和原料该怎样选择不同性质的介质？哪些介质容易在热交换器中结垢？该怎样清理？是否是由产品的性质所决定的。当热交换器发生泄漏时（不是假设）会发生什么情况？是水进入乙醇？还是乙醇进入水？比起乙醇来，蒸馏啤酒的问题可能没那么严重（如果泄漏进入公共水道的话会有生物需氧量的问题），但我们也还是需要认真对待这一问题。

工艺中的啤酒液需要进行过滤。影响过滤速度的因素以及可选择的过滤介质有哪些？过滤中应该保持恒压或恒速吗？应该选择真空过滤吗？选与不选的理由是什么？过滤残渣应该如何处理？在处理过程中存在环境问题吗？过滤残渣可以作为副产品或农业原料吗？考虑过使用哪种过滤器？需要重复这一单元操作吗？如果过滤残渣有市场价值，有必要进一步加工以改变其干燥度、粒径或粒径分布吗？

由于在酿造工艺的最后阶段存在生物活动的可能性，大多数啤酒在运输和库存前需要进行巴氏杀菌处理。杀死残留的细菌也是一个化学过程。许多酿造企业使用所谓的"高温快速"巴氏杀菌法。如果啤酒保存在高温或更温和的温度条件下很长时间，乙醇（啤酒的主要成分）也会降解成为无味成分（如乙醛和丙酮）。必须要了解工艺过程的动力学速度曲线，才能确保控制这最后一步不会发生生物污染。Coors 是一种啤酒商标，其主要广告宣传点是"冷法酿造"，这种啤酒还可以用冷藏车进行运输（主要成本）。在该工艺中不需要对啤酒进行巴氏杀菌，这是因为如果一直低于某一温度，生物活性就难以存在，如果在整个供应链过程中可以一直保持低温，这种冷"味"就可以一直维持。

酿制啤酒是一个化学过程，因此同样存在生产复杂化学品时所存在的值得关注的问题、设计和控制问题。

附录 I　未来化学工程师和化学工程面临的挑战

本节内容是作者的经验和观点。未来化学会对化学工程师的技能和知识带来的挑战如下：

①能源资源和使用。在本节中，我们将政治因素作为主要关注点的"提案"（如玉米制乙醇）放到一边。人类生活的衣食住行都需要能源。随着全球人口持续增长，而且现在欠发达国家也在追求长久以来西方国家的生活水平，因此除非我们决定完全回归原始社会并降低我们的生活标准，否则就需要更高效的能源。拿最近的例子来说，对地下流体流动力学的研究突破，即我们所说的"压裂"，可以通过注射高压水流破开岩层，开采出被锁死在地下岩石地层中的烃类。提高采收率就是将表面化学技术应用到液态油藏钻探中。

能源保护同样重要。欠发达国家的人民也同样想拥有先进国家享受到的便利，但如果想要实现这一愿望，就需要更多的能源供应以及更高效的能源应用。可以看到，在过去几十年中，部分是由于能源价格的增长，在许多工业领域和产品上能源效率大幅提高。尽管近年来情况发生一些变化，不过只要能源保护措施实施到位，就不会发生反转。作为能源保护战略的一部分，太阳能转化技术将会稳步发展。尽管太阳能资源在全世界范围内都很丰富，其能源密度与烃类燃料相比要小得多。提高太阳能转化为热能和电能的效率的研究不断进展，但还远未达到可以撑起太阳能经济的能力。化学工程师在这项技术的发展中发挥关键作用，涉及范围包括催化剂、收集材料的效率以及能源分配技术。

②水。随着全球人口增长和可饮用水在水资源中的占比减小，使用非新鲜水以及循环再生水成为巨大挑战。饮用水、食品和能源，构成了 21 世纪工程领域所面临的共同"要素"。

③材料。在这个领域中，化学工程会深度涉及到两个长期分支领域。首先，最常讨论的是塑料回收。正如我们在第 17 章讨论过的有关聚合物制造方法，聚合物都是单体构成的长链，在单体和聚合物生产过程中一般都需要大量能量输入。将塑料分解为可再生材料的成本高、效率低，生产出来的再生产品质量远低于原生材料。分解（聚乙烯、聚苯乙烯、ABS、尼龙等）的工艺成本从经济上不划

算，需要财政补贴维持。聚合物的性质在经过分解工艺后一般都会有一定程度的降解，主要是分子量减小，不再适合原来的用途。我们可以看到商店中很多商品上都标有"内含多达10%的再生材料"字样，如果再生材料的比例再增加，则用户要求的产品品质就难以达到。以下这些技术领域的长期进展都有赖于大量化学工程技术的投入。首先是更为经济高效的对不同类型废弃塑料的分离技术，可以提高替代原生材料的比例。其次是通过对包装和其他系统进行重新设计，减少塑料的使用量。举例来说，可将较大的塑料包装减小设计成为"热收缩塑料"包装，可大大减少塑料的使用，还可以通过采用各种覆盖层完全替代传统的包装。第三，经济高效的热解工艺（在缺氧状态下将物质加热到高温分解，与燃烧过程相反）可将塑料转化回其初始单体（比如聚苯乙烯转化为苯乙烯、聚乙烯转化为乙烯、聚丙烯转化为丙烯等），生成传统烃类单体，这要比通过传统化工单元操作如蒸馏进行分离要容易，而且应用广泛，也不仅限于原生材料的用途。在以上这三个领域内的研究工作正在推进，但从长期来看，最后一个领域是最有发展前景的。

本节我们还必须提到"纳米材料"，纳米材料现在已进入市场，为用户提供了独特的功能。对这些 10^{-9} 粒径的纳米材料的潜在影响和在环境内的分布的争论和数据分析一直存在。不过纳米材料可大幅改善许多材料的性质。纳米材料的表面化学性质、与其他物质的界面接触以及材料的生产都是化学家和化学工程师所面临的主要挑战。当粒子的粒径在纳米范围时所采用的分离工艺的性能完全不同于传统工艺。

在元素周期表中，有一族元素被称作稀土金属元素，如镝和钕。采用很少量这种类型的物质就可以改善碱金属的性质。稀土金属产量很小，生产成本高昂。化学工程面临的主要挑战是降低开采和生产稀土金属的成本，以及发现替代物质和做出产品设计。

④医学、生物医学、生物化学应用。我们都听说过和见过人造器官的使用。如果我们仔细观察人造心脏和肾脏透析机的工作原理，就会发现这两者其实就是泵和过滤机——采用化学工程设备替代了原来的人体器官。我们之前讨论过的所有概念，包括流体流动、流体性质、聚合物、过滤，都是这些人造器官的设计基础。随着我们对人体功能的了解加深，我们就很可能看到有更多的人造和置换器官以及肢体的设计中化学工程原理在发挥作用。人造肺、置换关节、体液处理等都是具体实例。这些产品的核心部分都是建立在化学工程原理上的，包括流体流动、摩擦、过滤、孔隙度、压降等。在许多院校中，化学工程学科已与这些研究结合，并重新命名为生物化学工程或生物医药工程。

人造心脏是人的心脏的合成复制品，但从化学工程角度看，它就是一个泵。

除了对可利用能量的要求以及摩擦和压降指标更严格之外，与泵的设计有关的所有要素(摩擦、能耗、流速、阀门限制和控制等)都同样应用到人造心脏上来。制造人造心脏所用的材料必须与人体细胞兼容，不能发生排斥，这是比之前讨论过的泵的腐蚀问题要复杂得多的问题，因为不兼容不单是材料降解的问题，而是可能关系到人命的事情。

有很多种处方药需要持续小剂量服用而不是一天一次或两次大剂量服用。这些药物的封装常采用皮肤贴片方式进行缓释。药物的封装和缓释是在了解了物质通过皮肤的传递速率的基础上确定的，采用的封装技术使得药物释放的速度与吸收速率相同。

我们无法完全列出未来化学工程所面临的挑战以及化学工程技术发挥作用的领域。我们鼓励所有读者都对自己的工作和技术领域以及化学工程原理会发挥正面作用的方面进行思考。

生物化学工程结合了化学工程和生物学，可大规模生产医药制品和系统。从化学工程角度来看，这一领域面临很多独特挑战。我们可以回想一下膜材料，可以发现，生物分子如病毒和蛋白质的粒径在 $0.10 \sim 10\mu m$ 之间，比常规无机和有机化学反应中产生的粒子粒径要小得多。这使得活性分子的分离和回收的难度大幅增加，需要采用生产成本极高的复杂回收工艺。

大多数需要加工的生物化学制品都存在于非常稀薄的溶液中。再加上极小的粒径，尤其是涉及达到制药和食品与药物管理局(FDA)的纯度要求时，液-固分离就成为主要瓶颈问题。

大多数生物材料只有在人体和常温条件下存在和发挥作用。在高温下由于反应速率加快，大多数反应无法进行，这一事实也限制了许多其他单元操作的可行性。

许多生物医药制品的发展潜力在于市场上实际所需的药物产量在传统化工或石化领域里的小型中试装置就可以完成。之前讨论过的一些规模扩大的方法可能无需使用。不过，对超高价值材料的高效生产和高收率的需求和驱动还是很重要的。制定药物的配方以方便病人服用，在这一领域我们面临的主要挑战涉及药物在胃和胃管内的溶解速度以及惰性成分。

在传统化学工程和加工过程中很少考虑到空间立构的概念。然而在生物活性分子的设计和制造中，空间立构非常重要，我们在第 17 章已经讨论过这一概念。碳原子一般是四键连接，几何结构上非常独特，形成了一个"C"分子为中心的金字塔结构。当与这个碳原子连接的是不同的四个分子，碳原子可能会是"手性"原子，意味着它从几何结构上是对称的。其中一个侧基会进入(如果这个碳原子画在一张纸上)纸面，而另一个侧基则会突出来，我们把这些称为"右旋"和"左旋"分子(或 D-、L-,分别指的是向右旋转和向左旋转)。人体内的生物有关活性分子(如药物)只识别和接触 L-(左旋)分子。这两种不同手性旋转的分子被称为对映异构体,意思是无论这些分子如何旋转,这两种分子都不会相互重叠。

我们的身体只能识别和处理左旋(L-)分子,因此到处都存在光学同分异构体,这意味着产生了具有一样浓度的相同分子,可在材料使用前进行分离。这种对映异构体的"非吸收性"是市场上销售的一些人造甜味剂的使用原理,其结构是右旋结构。我们感受到分子的味道(甜度),但我们的身体并没有吸收这一分子,然后这一分子成为体液中的垃圾。左旋和右旋分子之间的差异体现为不同的对映异构体。

对映异构体并不一定需要分离(取决于对其他光学同分异构体的影响),除非是对化工工程工艺决策有一些重大影响。主要是因为这些分子尽管有着不同的光学特性,但都拥有同样的物理性质(如沸点或熔点),因此通过传统的成本较低的单元操作法(如蒸馏等)无法分离这些对映异构体。利用其在溶解度特性上的微小差异,可采用结晶以及色谱和特殊离子交换树脂法来分离。

除了之前提到的主要挑战,我们还会面对反应速率慢的挑战。大多数生物过程与常规化学反应相比反应速率极慢,而且由于温度敏感性的限制,组织培养增长过程中温度升高的程度很有限。在生物化学反应中和其他化学反应中一样,一般需要进行搅拌,但由于对机械力的物理敏感性需要进行特殊设计。

还需要重点注意的是,化学工程师由于其在安全领域的强大背景,还可以指导生物化学工艺和产品的安全分析。具有微小粒径的有害生物化学活性物质(如病毒等)发生泄漏的可能性一直是人们关注的问题,可利用气体处理和过滤中的化学工程经验来解决这一难题。

附录 II 复习题答案

第1章

1. B 2. E 3. C 4. D 5. B

第2章

1. A 2. D 3. A 4. C 5. A 6. C 7. D 8. D 9. B

第3章

1. D 2. D 3. B 4. B 5. D

第4章

1. B 2. B 3. D 4. A 5. A 6. D 7. C 8. A
9. C 10. B 11. D 12. D 13. C 14. D 15. D 16. B

第5章

1. C 2. B 3. A 4. D 5. C 6. D

第6章

1. D 2. C 3. B 4. A

第7章

1. A 2. D 3. D 4. C 5. C 6. D 7. D 8. A 9. A
10. A 11. A 12. D 13. D 14. D 15. D 16. C 17. B 18. D 19. D

第8章

1. B 2. C 3. D 4. A 5. D 6. B 7. B 8. C 9. D
10. D 11. C 12. A 13. D 14. B 15. D

第9章

1. C 2. A 3. C 4. A 5. D 6. C 7. B 8. D

第10章

1. C 2. B 3. D 4. A 5. C 6. A 7. B 8. C 9. D 10. C
11. B 12. D 13. D 14. C 15. D 16. B 17. C 18. D

第11章

1. C 2. A 3. C 4. A 5. C 6. B 7. D 8. B 9. A 10. D 11. D
12. C 13. D 14. A 15. C 16. B 17. D 18. D 19. D 20. C 21. A

第 12 章

1. B　2. D　3. B　4. C　5. B　6. D　7. A　8. A　9. B　10. D　11. C

第 13 章

1. A　2. D　3. A　4. C　5. B　6. B　7. C　8. D

第 14 章

1. A　2. B　3. D　4. D　5. B　6. C　7. A

第 15 章

1. B　2. A　3. D　4. D

第 16 章

1. D　2. A　3. D　4. D　5. D

第 17 章

1. C　2. C　3. A　4. A　5. B　6. D　7. D　8. C　9. C

第 18 章

1. D　2. B　3. D　4. A　5. B　6. A　7. D　8. D　9. C　10. B　11. B　12. D